绵竹悠久的历史 灿烂的酒文化

历代名人与绵竹酒

江绪奎　江淼　著

线装書局

图书在版编目（CIP）数据

历代名人与绵竹酒 / 江绪奎，江淼著. -- 北京 ：
线装书局，2024.4
ISBN 978-7-5120-6102-6

Ⅰ．①历… Ⅱ．①江… ②江… Ⅲ．①酒文化－研究
－绵竹 Ⅳ．①TS971.22

中国版本图书馆 CIP 数据核字（2024）第089421号

历代名人与绵竹酒

LIDAI MINGREN YU MIANZHUJIU

作　　者：江绪奎　江　淼
责任编辑：白　晨
出版发行：线装书局
　　　　　地　　址：北京市丰台区方庄日月天地大厦 B 座 17 层（100078）
　　　　　电　　话：010-58077126（发行部）010-58076938（总编室）
　　　　　网　　址：www.zgxzsj.com
经　　销：新华书店
印　　制：三河市新科印务有限公司
开　　本：710mm×1000mm　1/16
印　　张：20
字　　数：213千字
版　　次：2024 年 4 月第 1 版第 1 次印刷
印　　数：5000册

定　　价：129.00 元

线装书局官方微信

作者简介

　　江绪奎，笔名江奎，研究生，中国国家书画院副院长、中国书法家协会会员、中国楹联学会会员、中国文物学会会员、中国博物馆学会会员、中国收藏家协会学术部研究员、 四川统一战线同心书画院研究员、德阳市散文学会顾问、绵竹市政协书画院研究员、四川文化传媒学院特聘教授、德阳市江奎艺术博物馆馆长、绵竹书画院院长、绵竹市古文化传承研究会会长、德阳市委市府优秀专家。原绵竹市文化旅游局副局长、绵竹年画博物馆馆长、年画研究会会长、绵竹市书法美术家协会主席。曾编写出版《楷书习字帖》，被推荐为四川省教师进修学校教师培训字帖；荣获第五届中国艺术节佳奖、四川省群星书法奖、四川省书法教育优秀园丁奖、 中美杰出华人艺术家等；学术成果被评为四川省巴蜀文化重点研究项目；入选《世界名人艺术家大词典》《新千年华人艺术家名人录》《中国美术选集》等。书法作品曾填补了绵竹书法入选全国展的空白、绵竹市首位中国书法家协会会员；数十年来，为长城碑林等名胜古迹撰书匾联近百幅；发表学术文章数百篇；数百幅书法作品参加国内外重点展览或出版获奖或被博物馆收藏。2019年天津美术出版社出版了《中国名家经典技法、江绪奎书勤学励志古诗二十首》《欧体笔法结构图说》；2001年创办四川最早之一的民办画院——绵竹书画院；2019年经四川省文物局批准，创办德阳市首家民办博物馆——德阳市江奎艺术博物馆，以及全省首家汉字文化博物馆、绵竹酒文化博物馆，长期免费开放。

作者简介

　　江淼，川音成都美术学院国画系副教授，中国艺术研究院访问学者，南京艺术学院硕士研究生毕业。幼承家学，先后师从于著名画家黄纯尧、秦天柱和全国著名工笔画家江宏伟等先生。现供职于川音成都美院国画系、德阳市江奎艺术博物馆副馆长、绵竹书画院副院长、书画作品数次参加全国、全省重大书画展并多次获奖或被博物馆收藏，并发表多篇论文于国家核心期刊和专业学术期刊。荣获第八届全国高校美育教学成果一等奖、四川省第三届高校美术教师基本功大赛全能一等奖。

　　《历代名人与绵竹酒》总字数 213 千字，江绪奎撰 111 千字，江淼撰 102 千字。

序 言

　　绵竹是历史文化名城，酒文化特别悠久灿烂，这是全国独特的酒文化现象。笔者经过数十年的学习与研究，梳理了六十多位中国历史文化的顶级名人与绵竹历史与绵竹酒的关系。他们为绵竹这片土地留下了很多悠远而生动的历史和酒文化故事，以及许多千古留传的诗篇。有帝王将相、有天师高道、有诗仙诗圣、有书圣画宗、有文豪名流，不一而足。当然，远古时期这里不叫绵竹，它是蜀山氏地、蚕丛国的附庸邑，与三星堆相邻。汉高祖六年这里才建绵竹县，笔者所言，也包括在绵竹建县之前，这个区域的悠久历史和与名人相关的酒文化。

　　一是，来过绵竹酿酒、醉酒或诗赞过绵竹美酒的中国历史文化顶级名人。如：严君平、扬雄、张道陵、李特、李流、王勃、李白、杜甫、吴融、苏东坡、苏辙、文同、巴图鲁、令狐元铭、张三丰、李调元、陈子庄等；

　　二是，虽然历史没有明确记载他们亲自来过绵竹这片土地，但他们通过历史文化交流，醉饮过绵竹美酒，并留下了生动有趣的酒文化佳话。如：王羲之、米芾、乾隆皇帝、纪晓岚、和珅、张之洞、刘湘、刘文辉、杨森、黄宾虹、齐白石、启功等；

　　三是，还有很多中国历史文化顶级名人，可以通过历史记载、文物古迹和与他们相关的民间故事，寻觅到他们与过去绵竹这片土地的悠久历史和酒文化息息相关的远古信息，如：古蜀王蚕丛、开明帝、秦惠文王、芈月、刘秀、益州牧刘焉、刘备、成吉思汗、窝阔台、蒙哥汗、忽必烈等；

　　四是，还有一些中国历史文化的顶级名人他们本身就是绵竹人。如，蜀汉学术奠基人、汉代汉学家、经学家董扶，北宋大画家、酿酒专家杨世昌，北宋名臣、大儒杨绘，南宋名相张浚，明代名贤良吏刘延龄，明代首辅刘宇亮，清代诗人李香吟、李锡命，清代戊戌变法六君子之一的杨锐，清代年画大师黄瑞鹤，民国高官乔一夫、乔诚等。

这是全国其他地方酒文化少有的、独特的文化现象，是他们共同谱写了绵竹悠久灿烂的历史和酒文化史，使之成为《中国酒文化史》中的绚烂华章。

江奎艺术博物馆藏唐代银鎏金盛酒、温酒器

目录

第一章：绵竹酒文化悠久灿烂的原因

一、绵竹酒文化特别悠久灿烂重要原因之一：绵竹的历史悠久灿烂。

据《绵竹县志》记载，"绵竹古为蜀山氏地，西周时为蚕丛国之附庸邑，秦时隶蜀郡，为古蜀之翘楚。汉高祖六年建"。 与绵竹相邻的广汉三星堆也属蜀山氏地，广汉三星堆考古发现，距今已有3000年至5000年历史，是迄今在西南地区发现的范围最大、延续时间最长、文化内涵最丰富的古城、古国、古蜀文化遗址。三星堆遗址被称为20世纪人类最伟大的考古发现之一，昭示了长江流域与黄河流域一样，同属中华文明的母体，被誉为"长江文明之源"。

史料说明：与广汉三星堆相邻的绵竹"古为蜀山氏地"，"西周时

为蚕丛国之附庸邑"，也就是说绵竹这片土地在"蜀山氏"时期和西周时期就属于三星堆的第一个国王——蚕丛王所管辖，属于长江文明之源的范畴。

笔者在研究中发现，蜀国始祖为什么叫蚕丛？蜀字的甲骨文为什么是蚕？三星堆为什么出土了很多酒器？也许跟《绵竹县志》记载的，距三星堆不远的，全国唯一的，绵竹观鱼石亭江畔"蚕女墓"和流传万古的传奇故事有关。就是说绵竹观鱼石亭江畔"蚕女墓"和流传千古的传奇故事可能是蚕丛氏部落

从岷山迁徙到现在三星堆居住发展地的一个重要原因，可能是蚕丛氏部落首领听说成都平原地势开阔，沃野千里，又听说在与现在三星堆不远处的绵竹观鱼场石亭江畔出现了一个震惊天下的神奇女子变为了蚕，能吐丝，人们还能将丝织为帛。蚕丛首领认为这正是安居乐业、发展经济的最好地方，于是就率领他的部族从岷山迁徙到了现在广汉三星堆一带发展养蚕、织丝，发展农业，开启了古蜀酿酒的先河。因为要在蜀国始祖蚕丛王一章中根据古籍记载、古迹遗存和出土文物专门研究叙述，包括甲骨文蜀字造字与绵竹的历史为什么有关？都有专门的章节，所以这里不再赘述。

二、绵竹酒文化悠久灿烂的重要原因之二：绵竹是七十二洞天福地之一，是全国早期道教遗迹最多的地区，道文化是绵竹酒文化、年画文化、名人文化、三国文化发达的总根源。

（一）、秦始皇派韩终在绵竹秦中山采长生不老药是绵竹道文化的开端。

韩终为秦始皇采药的绵竹秦中山照片

笔者认为：秦始皇派韩终在绵竹秦中山采长生不老药是绵竹道文化的起源，也是东汉时期为什么绵竹是中国早期道教治所全国最多的重要原因，是绵竹酒文化、年画文化、名人文化、三国文化发达的总根源。

《清代绵竹县志》记载："秦中化韩终传，真君韩众不知何所出，乃秦始皇时人也。始皇谓王曰：卢生、徐福入海不还，韩终也不报……韩终会为始皇采药……炼丹于广汉绵竹县之山中，以端午日骑白鹿升天。"（略）

《绵竹清代县志》卷三十三《仙释志》又载："韩真君名众，又作终，曾为秦始皇采药饵炼丹于秦中山，服九节菖蒲十三年，身生白毛端午日骑白鹿升天后京兆人刘根遇于华山授神仙，------。"

韩终为秦始皇在绵竹秦中山采长生不老之药而飞升，是绵竹道文化最远古的记载，也是绵竹道教遗迹最多的主要原因之一。因为韩终是秦国人，所以韩终又叫秦终。相传他飞升成仙的山叫"**秦中山**"，东汉时期张道陵因此建为二十四治之一的"**秦中治**"。

以下摘引部分历代史书对韩终为秦始皇采长生不老之药的记载旨在说明韩终在绵竹"秦中山"为秦始皇采药在历史上影响悠远而巨大；旨在说明绵竹成为中国早期道文化最发达、道教场所最多的地区的重要原因；旨在说明韩终在绵竹秦中山为秦始皇采长生不老药是《绵

竹县志》和历代古籍都有记载的历史；旨在为后面具体说明道文化是绵竹酒文化、年画文化、名人文化、三国文化灿烂的总根源，是历代很多顶级名人来绵竹，与绵竹历史、绵竹酒有千丝万缕联系的重要原因，是绵竹盛产美酒和年画的重要原因。

1、《史记·秦始皇本纪》记载，秦始皇为了见到神仙以及寻找不死药不断派遣方士，于始皇三十二年（公元前215）"**使韩终、侯公、石生求仙人不死之药**"。

2、**西汉时有韩终后裔越海而来，朝廷设"祀韩馆"，韩终开始神化**。王嘉（？一约公元390年）著《**拾遗记**》记载：汉惠帝二年（公元前193），时有道士，姓韩名稚（韩终之子，严君平父亲之师），则韩终之胤（后

为秦始皇采长生不老药的韩终

代）也，越海而来，云是东海神之使。……稚于斯而退，莫知其所之。帝使诸方士立仙坛于长安城北，名曰"祠"。"祀韩馆"的出现，表明在汉初韩终就已被神化。

3、《汉书·郊祀志第五下》记载："秦始皇初并天下，甘心于神仙之道，**遣徐福、韩终之属，多赍童男女，入海求神采药，因逃不还，天下怨恨。**"

4、刘向《列仙传》中记载："**齐人韩终，为王采药，王不肯服，终自服之，遂得仙也。**"这里的王，当然指的就是秦始皇。秦始皇心生疑虑，不肯服用，万一这药是毒药呢？那不是白白送命了？所以，《绵竹县志》有载："**韩终为始皇采药……炼丹于广**

汉绵竹县之山中，以端午日骑白鹿升天。"

秦二世陵（赵高像）

5、《后汉书·张衡列传》中也有记载，与《列仙传》差不多：**韩终为秦始皇采到了长生不老药，回来奉献给秦始皇，秦始皇心生疑虑，不肯服用，韩终为了证明自己采到的药是真的长生不老药，就自己服了下去，结果成了神仙。**

6、**秦时赵高得传韩终丹法，不畏寒暑。**东晋王嘉著《拾遗记》卷四记载：秦王子婴立，凡百日，郎中赵高谋弑之。……（子婴）

因高于咸阳狱，悬于井中，七日不死；更以镬汤煮，七日不沸，乃戮之。子婴问狱吏曰："高其神乎？"狱吏曰："初囚高之时，见高怀有一青丸，大如雀卵。"时方士说云："**赵高先世受韩终丹法，冬月坐于坚冰，夏日卧于炉上，不觉寒热。**"

7、《后汉书·方术传》，至葛洪《神仙传》始言**刘根遇韩终成仙事，此说后世颇为流传。**《清代绵竹县志》也有记载：前面已经有述（略之）。

8、陆龟蒙《毛公坛》云："古有**韩终道，授之刘先生**"。《清代绵竹县志》也有记载：前面已经有述（略之）。

9、魏晋南北朝时《拾遗记》卷一记载了一首韩终采药诗，**韩终采药诗**云："暗河之北，有紫桂成林，其实如枣，群仙饵焉。"据学者研究韩终采药

诗中的暗河就是发源于《绵竹县志》有记载的，与秦中山相依的**绵竹九龙"无为山上的涌水泉"**。《清代绵竹县志》云："无为山城北二十五里，山门有涌水泉即灌耳河之源也。"流经清泉山的千古神泉，它是灌耳河之源，因为清泉山与无为山相近，清流溪水在仙山峡谷中叮叮咚咚作响，其声十分悦耳，故名"灌耳河"。南北朝时期，韩终已被纳入道教神仙谱系。

10、**《太上洞玄灵宝无量度人上品妙经》**云：中有南极长生之君，中有度世司马大神，中有好生韩君丈人。此处"韩君丈人"当即指韩终。

徽宗像

11、**北宋张君房《云笈七签》**卷一百十五亦云："黄景华者，汉司空黄琼女也。**景华少好仙道，常秘修至要，后师韩君**，授其岷山丹方，服之得入易迁宫，位为协晨夫人，领九宫诸神女，亦总教授之。

12、**宋徽宗之时，韩终以上帝首相之身份入祀神霄玉清万寿宫。"韩君丈人"亦被列入国家祭祀。**

宋徽宗政和七年（公元1117年）二月十三日，诏天下建神霄玉清万寿宫。在此背景下，"**韩君丈人**"亦被列入国家祭祀。

以上所述，从汉代至魏晋南北朝时期，韩终为秦始皇采药及成仙之事在汉代颇为流行，"秦皇、汉武之所相望，变而为东汉以下一般

平民之期求"，刘根、黄景华遇韩终得丹成仙的传说显然迎合了人们的这一心理。

13、明代曹学佺《蜀中广记》卷七十一亦云："秦韩仲为祖龙采药使者，既而入蜀——遇京兆刘根，授以神方五道，乃服九节菖蒲十二年。体生白毫，以端午日骑白鹿上仙。"明代的小说中，亦见"可韩司"和"可韩司丈人"。

从秦时的"韩终"，到汉代"祀韩馆"，韩终从人成为神，其后赵高、刘根、黄景华等人的传说均与韩终有关，是韩终的进一步神化。宋代"韩君丈人"、"可韩司丈人"和"韩真人"信仰则是韩终信仰的鼎盛时期，在这一时段，韩终始终为道教之神。宋元以后，"可韩司丈人"信仰流行，见于明代四大奇书之《西游记》与《金瓶梅》。

此段文字摘自钱光胜博士《道教神仙韩真人考述》一文（《中国道教》期刊，2010年第6期）并综合古籍对韩终的记载。

14、另一种说法是，学者黄饮冰认为，韩终带着门徒到达了朝鲜半岛南部，建立了国家。

根据学者研究，韩终一行到了辰韩。由于韩终有技术、有能力、有智慧，是当时的科学家，而且门徒中能人众多，有管理人间360件大事的力量和能力，他成了当然的首领。韩终娶罗氏女为妻，生下古朝鲜国开国之君檀君，"韩"成了这3000人的共同旗号。由于这批人能使用"华字"，是最先进的力量，所以以其强大的优势，由众韩到三韩，再到统一新罗，最终融合半岛各族，成为半岛主体居民。"韩"是韩人自己选用的对自己称呼的汉字，不是汉人强加给韩人的。

15、清朝时期韩国学者李圭景的《五洲衍文长笺散稿》有着他经过调

查之后所得出的最终登陆地点："秦始皇时期的徐福与韩终因为未能求得长生不死药，害怕秦始皇的惩罚，因此找借口欺骗秦始皇之后东渡未归。徐福进入倭地称王，而**韩终来到了我国（韩国）边境并且成为马韩王**。"

韩国历史文献中记载的"韩终东渡"的故事与中国《史记·秦始皇本纪》的记载是很有联系的，韩国国旗图案都源自太极八卦图，而太极八卦图来源于《易经》。

韩终为秦始皇寻找长生不老之药的地点，按照《清代绵竹县志》记载，就在绵竹的秦中山。由此可见，绵竹道教的历史多么悠久，其影响多么广泛和深远。

（二）、秦始皇为什么要派韩终来绵竹秦中山采长生不老之药？

笔者研究认为：秦始皇要派韩终来绵竹"秦中山"寻找长生不老之药主要是沿着其高祖母宣太后芈月的足迹来绵竹的。

秦始皇十分崇敬其高祖母芈月，秦始皇派韩终来绵竹"秦中山"采长生不老之药，是沿着其高祖母宣太后芈月的足迹来绵竹的。芈月曾派人来绵竹武都山采既可以养生治病，又可以酿酒的岩蜂蜜。

宣太后（约公元前344年－公元前265），芈姓，又称芈八子，"八子"是她曾经的后宫职位，"月"这个名字是虚构的，"宣"是她去世后的谥号，称秦宣太后。

芈月，出生于战国时期楚国皇室，是楚威王姜所生，芈月是秦始皇的高祖母，他们都是历史上的杰出人物。宣太后是秦惠文王嬴驷的嫔妃，二人育有

一子，为秦昭襄王嬴稷（秦始皇的曾祖父），嬴稷之后是秦孝文王嬴柱（秦始皇祖父），嬴柱之后是秦庄襄王嬴异人（秦始皇父亲），之后是秦始皇。

芈月的丈夫，秦惠文王嬴驷，也就是处死商鞅那个秦王。秦惠文王嬴驷，和芈八子（芈月）生了嬴稷，和惠后芈姝生了嬴荡；惠后是皇后，所以她的儿子继位天经地义，嬴荡后来就成了秦武王。但嬴荡这个人比较离谱，22岁的时候举大鼎，举起来后把自己给压死了，皇帝死了，大臣们就将在燕国当质子的芈月母子二人叫了回来，于是芈月的儿子嬴稷当了皇帝。

嬴稷是长寿的皇帝，他在位的时候熬死了15个皇帝（战国其他国家），去世后其子安国君嬴柱继位。但嬴柱也离谱，当上皇帝三天就猝死了，嬴柱的儿子嬴子楚又继位，当了三年皇帝去世了，然后嬴子楚的儿子嬴政（秦始皇）继位。

宣太后城府极深，有雄才大略，在秦国掌政三十六年（也有说是四十一年的）。中国历史上，太后这个称谓始见于她，实为千古太后第一人。死后葬于芷阳骊山。芈月死后44年秦始皇就统一了中国，嬴政称帝史称秦始皇。因为芈月为秦始皇统一中国打下了良好的基础，所以秦始皇十分敬重其高祖母芈月，要踏着他高祖母芈月的足迹来绵竹采长生不老之药。后面有专节介绍，不再赘述。

（三）、秦始皇派韩终在绵竹秦中山采长生不老药既是绵竹道文化的开端，也是绵竹有史料记载的酒文化的开端。

1、韩终之子韩稚叫严君平之父严子晞来武都山，开启了绵竹道酒文化之先河。严子晞是绵竹有史料记载的酿酒第一人。

《汉书》记载："西汉惠帝二年临邛道士韩稚（韩终之子）善黄白术，游于蜀中，一日对其临邛弟子严子晞曰：**西蜀绵竹大山乃修道成仙之地，汝可去绵竹武都山卜宅修道，他日你家将有大德之士降生。**""严子晞遵师（韩终之子韩稚为晞之师）言，举家卜宅于绵竹武都山阴，兴建山庄，庄成于汉武帝后元元年（公元前89年），庄成时严君平降生"。严子晞在绵竹武都山卜宅修道且酿酒，《汉书·叙传上》有载："晞以罂贮酒，暴于日中，经一旬，其酒不动，饮之香美而醉。"因此，西汉时期严君平之父严子晞是《汉书》有记载的绵竹武都山卜宅、修道、酿酒的第一人。

2、严君平跟从父亲学道酿酒，又教弟子扬雄学道酿酒。

道教古籍记载："及长，君平从父学道读易，并卖卜于成都、广汉等地。日得百钱即闭肆下帘而注《老子》，著书十余万言。严君平深研易学，终身不仕。不仅教扬雄等弟子学道，而且教弟子用蜂蜜或白曲、白粮酿蜜酒；黄曲、黄粮酿白酒。"严君平曾在庄中先后掘了三口水井（硫磺井、菖蒲井、通仙井）汲地下泉水教弟子酿酒。

3、扬雄跟随严君平在绵竹武都山学道酿酒，写了一本书叫《方言》，其中记载了七种西汉酿酒用曲的方法，对研究西汉中国的酿酒技艺有很高的研究价值，也可见绵竹酿酒技艺在汉代就开始流传全国。

东晋时期，武都山的道长又在王羲之的好朋友周抚的介绍下，将绵竹蜜酒送给王羲之喝，王羲之又广为推广。

北宋时期，武都山道士杨世昌在绵竹严仙观继承和发展了严君平的酿蜜酒技法，杨世昌又把绵竹酿蜜酒技艺传给苏东坡，苏东坡又将此酿酒法教苏辙、秦观等大文豪。

　　苏东坡多次被贬官，凡是贬官之处，苏东坡又用杨世昌教他的酿酒方法结合当地特产，酿出了 10 种酒。浙江黄酒、日本清酒都受到后王羲之、苏东坡酿酒技艺的影响，由此可见，严君平教扬雄和杨世昌教苏东坡酿蜜酒对中国、日本，特别是绵竹的千年酿酒和酒文化的影响有多大！后面章节有专门叙述（略）。

　　绵竹九香春酒业聘请著名酒文化、酒体设计和酿造等专家，在挖掘继承汉代严君平的酿酒技艺和宋代杨世昌教苏东坡酿蜜酒技艺的基础上，结合现代科技，研发酿出的"蜜柔香型"系列美酒，就是继承和发展的典范，因此受到了饮者的普遍青睐。

　　前面介绍了秦始皇派韩终在绵竹秦中山为采长生不老之药和在中国、韩国历史上的巨大影响力，严君平的父亲严子晞又遵从其师韩终之子韩稚之言来到了绵竹武都山卜宅修道酿酒，开启了绵竹道酒文化的先河。

　　下面介绍一下中国早期道教在绵竹的遗迹情况：

　　要了解绵竹的道文化，先介绍一点道文化的基础知识。

（一）、道家与道教的区别：

在我国五大宗教中，道教是唯一发源于中国、由中国人创立的宗教，所以又被称为本土宗教。道教对我国古时代的政治、经济和文化都发生过深刻的影响。

道家与道教是两个既相互联系又有区别的概念。习惯上有时也称道教为道家、黄老。严格来说，二者不完全是一回事。**"道家"**一词，始见于西汉司马谈的《论六家要旨》，**是指先秦诸子百家中以老庄思想为代表的学派，或者指战国秦汉之际盛行的黄老之学**。他们在思想理论上都以"道"为最高范畴，主张尊道贵德，效法自然，以清净无为法则治国修身和处理鬼神信仰，处理人与自然之间的关系，因此被称作道家。

"道教"是一种宗教实体。顾名思义，"道教"的意思即"道"的教化或说教，或者说就是信奉"道"，通过精神形体的修炼而"成仙得道"的宗教。作为一种宗教实体，道教不仅有其独特的经典教义、神仙信仰和仪式活动，而且还有其宗教传承、教团组织制度、宗教活动场所。这样的宗教社团，与早期道家学派显然有所不同，但是**道家是"道教"的上游，道家、道教的要本信仰都是"道"**，我们绝不能将之妄加分割。道教继承和发展了先秦道家思想，将"道"作为最高信仰，从中演化出最高经典、最上道术及最高的神灵，构建了庞大的经典道术神仙体系。道教认为道可以修得，修炼的目的是得道成仙，最终目标是形神俱妙，与道合真。

道教尊老子为道祖，奉老子的著作《道德经》为主要经典。尊道贵德，"道"是道教信仰的核心，认为道是产生天地万物的本源，宇宙、阴阳和万象万物都是由道化生的。

道教认为道可以修得，得道就可成仙。道教把生命看得极为重要，修道就是要长生不死，主张通过修炼来延长生命的长度，提高生命存在的质量，以达到生命的永恒。道教主张以清净无为、不争寡欲的态度对待世俗生活，以"我命在我不在天"的精神进行修炼，通过各种道术修炼，与道合一，成为长生不死的神仙。

（二）、张天师二十四治简介：

"二十四治是道教天师张天师所创。"东汉末年，张天师在天下大乱、民不聊生的年代里，通过"置二十四治"，以神灵保佑为旗号来"化领户民"，以道民命籍制度来取代朝廷的户籍制度，用道教的为善去恶之道德律命作为信教民众行为规范的准则，用征收信米的方式来取代官府的税收，尤其是通过倡导发展农业生产解决信教民众的温饱问题，发展水陆交通、兴办实业、扩大贸易、平抑物价、兴修水利、开凿盐井，逐步使"二十四治"成为政教合一的教区组织，从而为早期道教的发展奠定了基础。"

由此可知，"二十四治"作为"五斗米道"在巴蜀所建立的有系统的教团组织，除了"拯救"和"通天"的功能外，又是联络和管理信众、发展教团力量的有效组织。"下则镇于民心，上乃参于星宿"。镇于民心，即《玄都律》中说"治者，性命魂神之所属也"；参于星宿，即以二十八宿分应各治。从以"治"为"性命魂神之所属"的思想，不难看出"治"乃是作为拯救的手段而设立的。实际上行使着政权的作用。

道教的二十四治（绵竹就有四个治）。如下： 阳平治、**鹿堂山治**、鹤鸣神山太上治、离沅山治、**庚除治**、葛贵山治、**秦中治**、昌利山治、真多治、

棣上治、**涌泉山神治**、稠粳治、北平治、本竹治、蒙秦治、平盖治、云台山治、浕口治、后城治、公幕治、平冈治、主薄山治、玉局治、北邙山治。 在此之外，还设有八品游治。分别为：峨嵋治、青城治、太华治、黄金治、兹母治、河逢治、平都治、青阳治。

（三）、绵竹道教文化简述。

绵竹是中国早期道文化最多的地区。这在南北朝史书《陆先生道门科略》、《敷斋威仪经》，唐代杜光庭《洞天福地岳渎名山记》、《道教辞典》等数十部古代典籍都有明确记载。 笔者查阅众多古籍、史料，绵竹都是全国道教遗迹最多的县。

1、道教天师张道陵亲自建立的"二十四治"绵竹一地就有四个治，第二治就是"鹿堂山治"。

据宋真宗时张君房编辑的一部大型道教类书《云笈七签》记载：太上以汉安元年正月望日中时，下二十四治：上八治、中八治、下八治，应天二十四气，合二十八宿，付天师张道陵，奉行布化。二十四治，又分为上品八治、中品八治、下品八治。

以阳平治（今四川彭州市）、**鹿堂山治（今四川绵竹市）**、鹤鸣神山太上治（今大邑县鹤鸣山）为传教中心。

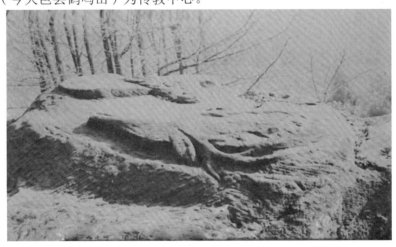

位于绵竹遵道鹿堂山治的古代道教石刻文物

上品八治为：第一治：阳平治；**第二治：鹿堂山治（绵竹遵道山）**；第三治：鹤鸣神山太上治；第四治：离沅山治；第五治：葛贵山治；**第六治：庚除治（绵竹绵远无极观）**；**第七治：秦中治（绵竹九龙秦中山）**；第八治：真多治。而且上品八治中绵竹一地就占三个治。

中品八治为：1、昌利山治，2、棣上治，3、**涌泉山神治（绵竹什地与柏隆相交处的涌泉山）**，4、稠粳治，5、北平治，6本竹治，7蒙秦治，8、平盖治。

下品八治为：1、云台山治，2、浕口治、3、后城治，4、公幕治，5、平冈治，6、主薄山治，7、玉局治，8、北邙山治。

据北周武帝宇文邕所著《无上秘要·正一炁治品》、晚唐道士杜光庭所著《洞天福地岳渎名山记》、北宋张君房所著道书《云笈七签·二十四治》和四川省道家文化研究所特邀研究员兼道教方志研究部主任王纯五所著《天师道二十四治考》记载，"二十四治"中绵竹四个治的历史与现状的基本情况如下：

第二治，鹿堂山治：鹿堂山治是道教"二十四治"中重要的三治之一，在绵竹遵道镇的鹿堂山，又名绵竹山，是道教"七十二福地"之一。据《绵竹县志》记载：这里有"二十六奇观，七十余溶洞"。"鹿堂山治"上有仙台，据说，仙人老子曾经携带张道陵游览此山，给张道陵传教度世升仙之术，并且邀约了"四镇太岁大将军、川庙百鬼"，在此"折石为约，皆从正一盟威之道"这就是张道陵创立道教和发展"五斗米道"的动力。汉桓帝永寿元年（公元155年），张道陵届一百二十二岁，他自知大限将至，便召集各治祭酒和要职人

第二治：鹿堂山治（寇元林摄）

16

员，于绵竹山鹿堂山治开会，嘱咐身后之事。天师当众宣布，其天师之位，由儿子张衡承继，特别强调说明："绍吾之位，非吾家宗亲子孙不传。"就这样正式规定了历代天师之位，一定要由张家宗亲来继承的传承关系。第二年，天师张道陵，以一百二十三岁的高龄，在鹤鸣山中羽化。张天师升仙前选接班人和立教规的活动都在绵竹鹿堂山治举行，由此可见，鹿堂山治在道教"二十四治"中的重要性和影响有多大。

第七治，秦中治：《清代绵竹县志》记载："秦中化韩终传，真君韩众不知何所出，乃秦始皇时人也。始皇谓王曰：卢生、徐福入海不还，韩终也不报……韩终会为始皇采药……炼丹于广汉绵竹县之山中，以端午日骑白鹿升天。"（略）

绵竹九龙山秦中治（寇元林摄）

《绵竹清代县志》卷三十三《仙释志》又载："韩真君名众，又作终，曾为秦始皇采药饵炼丹于秦中山，服九节菖蒲十三年，身生白毛端午日骑白鹿升天后，京兆人刘根遇于华山授神仙方五篇。"**韩终为秦始皇在绵竹秦中山采长生不老之药而飞升，是绵竹道文化最远古的记载，也是绵竹道教遗迹最多的主要原因之一。**

因为韩终是秦国人，所以韩终又叫秦终。相传他飞升成仙的山叫"秦中山"，东汉时期张道陵建为二十四治之一的**"秦中治"**。关于韩终在中国历史上的巨大影响，以及对绵竹道酒文化形成的作用，我前面已经讲述。一种说法是韩终采到了长生不老之药，炼成了长生不老丹丸，秦始皇怕毒死不敢吃，韩终自服而升仙。另一种说法是韩终未采长生不老之药怕秦始皇杀了他，就跑到了现在的韩国那里去了，建立了"马韩国"，成为国王。其子韩稚，于汉惠帝二年（公元前193年）还回国谒见过汉惠帝，并自称东海神仙的使者，在显示了某些异术之后，就消失得无影无踪了。为此，汉惠帝在长安城之北，为其造仙台，建祠堂，命名"司韩馆"。还有一说，韩终在绵竹秦中山刚采到长生不老之药，就听说秦始皇驾崩了，独食了仙药，飞升成仙了。**天师道在创建时期，到处寻访仙迹，所以就在绵竹秦中山建立了"秦中治"，并且"以韩终为主治神仙"，列为"上八治"的第七治。**

第六治，庚除治：亦名**"更除治"**。

《绵竹县志》载："庚除山，城北四十里，仙洞在庚除山，有石洞三，偶入洞中，见楼台金碧。""庚除治"又称**"无极观"**，这里有古刹、炼丹亭、养性台、鸳鸯池、夜月桥等古迹，"庚除治"因山而名。"庚除山东坡约有一分地左右，常年湿漉，传为神仙田。山腰有金洞子，山麓金溪环绕，山上松树森林，香烟缭绕，晨鼓阵阵，晚钟声声，宛如世外仙境。"

第六治：庚除治（在绵竹绵远无极观）

《太平寰宇记》载曰："庚除山，即张道陵二十四化之一也。有二石室，宋初有霁云子入洞中，见楼台金碧，门者呵止之曰：'子凡骨，可亟去，不然祸及！因出，后再至遂迷故道。"

《四川通志》载："此处为张道陵炼丹处，有炼丹台、炼丹亭、养生台、鸳鸯池、夜月桥。"又载："原无极观与庚除山相连。当时传闻，以无极观为中心形成的寺庙群，大的殿堂有四十八幢之多；大小殿堂共一百零八幢，和尚背着被盖进香，以备晚上不得归，在此挂单。这与宋《太平寰宇记》所记："见楼堂金碧，后再至遂迷故道"，似相吻合，可能毁于明末兵燹。1950年，叶家花园尚有琉璃筒瓦的瓦片、瓦砾发现。"

下八治之一涌泉山神治：涌泉山治为二十四治中下八治之一。在广汉郡绵竹县，今什地镇与柏隆镇接壤处的涌泉山，据唐代道士陆海羽所著《三洞珠囊·二十四治品》说：此山"有灵泉，治万民病，无不差愈，传世为祝水"，因此"名涌泉山，治遂以山名"。"涌泉山治"与"庚除治"比邻。

据《德阳县志》记载：东汉中期，山东"临淄人马明生（一作马鸣生）在此炼丹修炼二十余年，汉灵帝光和三年（公元180年）在此羽化升天，因此，此治是以马明生为主治神仙"。

"五斗米道"的二十四治，在三张（儿子张衡、孙子张鲁）以后，道教的组织形式已逐渐为宫、观代替。但"二十四治"旧址的多数宫、观，仍然保持着旺盛的香火，甚至还沿袭"二十四治"的名称。随着"五斗米道"地不断壮大发展，他们在各治所设有"祭酒"官吏，以统治管理辖区的道民，如此则逐渐形成了"政教合一"的政治格局。在这种情况下，张道陵子孙世袭的"天师"道，"五斗米道"，传承的教规教义，在当时深得民心，因此，历代帝君皆对其加有封号。张道陵死后，其子张衡继之。张衡死后，其子张鲁又继之。

2、道教共有"三十六靖庐"，绵竹一地有两庐：第一庐"绵竹庐"，第十六庐"君平庐"。四川一共三个，绵竹一地占两个，而且是第一庐。

"靖庐"简介："靖庐"为道教徒修炼的地方，也称靖室，或叫静庐，"三十六靖庐"为有名道徒修炼成仙之处。信奉道教的人家，靖室是他们至诚修道、礼拜神灵的宗教场所。它和其他生活场所或活动场所有所区别。室中清虚，不多放杂物，整齐庄重，室中只放置敬神的香炉、香案、上章进表的章案和书四件神器，显得非常素净，早期"天师"道没有神像。与信奉其他宗教者，在敬神场所设置神像和旗幡等装饰物不同。据《陆先生道门科略》和《汉天师世家》称，"三十六靖庐"系张陵所定。

第一庐："**绵竹庐**"，在汉州绵竹县栖林山。**张道陵曾入绵竹鹿堂山炼九星神丹**，"二十四治"中以阳平治、鹿堂山治与鹤鸣山治最重要，为传教中心。杜光庭长年留蜀，深知天师道在当地的影响力，**所以，绵竹庐置于"三十六靖庐"之首**。

第十六庐："**君平庐**"，**在汉州绵竹县君平庄，即今严仙观**。君平庄的历史十分悠久，是严君平的父亲严子晞所建。汉惠帝二年（公元前193年）临邛道士韩稚游于蜀中，一日对其临邛弟子严子晞曰："西蜀绵竹大山乃修道成仙之地，汝可去绵竹武都山卜宅修道，他日你家将有大德之士降生。"严子晞遵师言，举家卜宅于绵竹武都山阴，兴建山庄，庄成于汉武帝后元元年（公元前88年），庄成时严君平降生。及长，君平从父学道读易，并卖卜于成都、广汉等地。日得百钱即闭肆下廉而注老子，著书十余万言。著《老子指归》十一卷，至今尚存七卷，严君平在《道德经》上的研究有独特见解，西汉末大学问家扬雄"少贫好道"，曾师事严君平"称其德"，受严君平的影响很深。《三国志·蜀书八》记，蜀人王商"为严君平、李弘立祠"，是史料记载最早的对严君平的祭祀。

下面是唐代杜光庭《**洞天福地岳渎名山记**》36靖庐的分布

序号	靖庐	《洞天福地岳渎名山记》描述	推测位置			
1	绵竹庐	在汉州绵竹县栖林山。	四川省	德阳市	绵竹市	栖林山
2	紫盖庐	在荆州当阳县。	湖北省	宜昌市	当阳县	
3	泸水庐	在泸州安乐山。	四川省	泸州市	合江县	笔架山

4	丹陵庐	在洪州西山钟君宅。	江西省	南昌市	南昌县	西山
5	守玄庐	在终南山尹喜宅。	陕西省	西安市	周至县	
6	灵净庐	在亳州太清宫。	河南省	周口市	鹿邑县	太清宫
7	送仙庐	在岳州墨山孔升观。	湖南省	岳阳市	华容县	
8	契静庐	在郑州圃田列子宅。	河南省	郑州市	管城区	
9	凌虚庐	在南岳中宫。	湖南省	衡阳市	南岳区	衡山
10	凤凰庐	在襄州凤林山。	湖北省	襄阳市	襄州区	凤林山
11	子真庐	在洪州西山梅福台。	江西省	南昌市	南昌县	西山
12	玄性庐	在抚州南城县魏夫人坛。	江西省	抚州市	南城县	
13	契玄庐	在袁州吴平观。	江西省	宜春市	袁州区	
14	启元庐	在虢州校林古关。	河南省	三门峡市	灵宝县	
15	出谷庐	在庐山青牛谷。	江西省	九江市	濂溪区	庐山
16	君平庐	在汉州绵竹县君平宅。	四川省	德阳市	绵竹市	严仙观
17	斗山庐	在兴元城固县唐公昉宅。	陕西省	汉中市	城固县	
18	光天庐	在南岳。	湖南省	衡阳市	南岳区	衡山
19	腾空庐	在洪州游帷观。	江西省	南昌市		

20	昭德庐	在庐山。	江西省	九江市	濂溪区	庐山
21	寻玄庐	在江西吴猛观。	江西省			
22	得一庐	在润州鹿迹观。	江苏省	镇江市		
23	启灵庐	在秦州启灵山。	甘肃省	天水市	秦州区	
24	宗华庐	在华观彭君宅。	江西省	南昌市		
25	朝真庐	在京兆会昌昭应山。	陕西省	西安市	临潼区	骊山
26	黄堂庐	在洪州。	江西省	南昌市		
27	迎真庐	在洪州。	江西省	南昌市		
28	招隐庐	在洪州。	江西省	南昌市		
29	紫虚庐	在南岳魏夫人坛。	湖南省	衡阳市	南岳区	衡山
30	启圣庐	在岐州天兴县启灵宫，本名天柱炉	陕西省	宝鸡市	凤翔县	
31	凤台庐	在京兆周至县箫史宅。	陕西省	西安市	周至县	
32	东华庐	在衢州龙山县东华观。	浙江省	衢州市	龙游县	
33	祈仙庐	在洪州黄真君宅。	江西省	南昌市		
34	元阳庐	在苏州常熟县张道裕宅。	江苏省	苏州市	常熟市	
35	东蒙庐	在徐州蒙山。	山东省	临沂市	平邑县	蒙山
36	贞阳庐	在洪州鲁真君宅。	江西省	南昌市		

3、道教"七十二福地"绵竹属"第六十四福地"。

福地简介：福地指神仙居住之处。道教有七十二福地之说，亦指幸福安乐的地方。旧时，常称以道观、寺院。南朝齐王融《三月三日曲水诗序》："芳林园者，福地奥区之凑，丹陵、若水之旧。"唐杨炯《晦日药园诗序》："乃有神州福地，上药中园，左太冲所云当衢向术，潘安仁以为面郊后市。"元王实甫《西厢记》第一本第一折："这里有什么闲散心处？名山胜境，福地宝坊皆可。"洞天福地是道教仙境的一部分，多以名山为主景，或兼有山水。认为此中有神仙主治，乃众仙所居，道士居此修炼或登山请乞，则可得道成仙。

按照道教观点，天、地、水乃至于人皆一气所分，仙境也是"结气所成"，它们相互感通，构成纵横交织的立体网络；但因气质清浊之异，而上下有别。

《洞天福地岳渎名山记序》亦云："乾坤既辟，清浊肇分，融为江河，结为山岳，或上配辰宿，或下藏洞天。"

洞天福地就是地上的仙山，它包括十大洞天、三十六小洞天和七十二福地，构成道教地上仙境的主体部分。除此之外，道教徒还崇拜五镇海渎、三十六靖庐、二十四治等，中国五岳则包括在洞天之内。洞天福地多系实指。历代道士多往其间建宫立观，精勤修行，留下不少人文景观、历史文物和神话传说。

宋李思聪　天地宫政图　洞天福地岳渎名山

"七十二福地"具体山名如下：

地肺山——在陕西省西安市，老子隐居幽栖之处，著《道德经》五千言，尹喜结草为篓。

盖竹山——在浙江省临海市南，真人施存治之。

仙磕山——在温州梁城县十五里近白溪草市，真人张董华治之。

东仙源——在台州黄岩县，属地仙刘奉林治之。

西仙源——在台州温岭市一百二十里，属地仙张兆期治之。

南田山——在温州文成县西北部，舟船往来可到，属刘真人治之。

玉溜山——在台州玉环市城西青山，多真仙居之，属地仙许迈治之。

青屿山——在东海之西，与扶桑相接，真人刘子光治之。

郁木洞——在玉笋山南，是萧子云侍郎隐处。

丹霞山——在麻姑山，是蔡经真人得道之处，至今雨夜多闻钟磬之声，属蔡真人治之。

君山——在洞庭青草湖中，属地仙侯生治之。

大若岩——在漫无边际州永嘉县东一百二十里，属地仙李方回治之。

焦源——在建州建阳县北，是尹真人隐处。

灵墟——在台州天台县北，是白云先生隐处。

沃洲——在越州剡县南，属真人方明所治之。

天姥岭——在剡县南，属真人魏显仁治之。

若耶溪——在越州会稽县南，属真人山世远所治之。

金庭山——在庐州巢县，别名紫微山，属马仙人治之。

清远山——在广州清远县，属阴真人治之。

安山——在交州北，安期生先生隐处，属先生治之。

马岭山——在郴州郭内水东，苏耽隐处，属真人力牧主之。

鹅羊山——在潭州长沙县，娄驾先生隐处。

洞真墟——在潭州长沙县，西岳真人韩终所治之处。

青玉坛——在南岳祝融峰西，青乌公治之。

光天坛——在衡岳西源头，凤真人所治之处。

洞灵源——在南岳招仙观西，邓先生所隐地也。

洞宫山——在建州关隶镇五岭里，黄山公主之。

陶山——在温州市瑞安市内，陶弘景先生曾隐居此处。

皇井（三皇井）——在温州横阳县，真人鲍察所治处。

烂柯山——在衢州市东南十一公里处，在柯城区石室乡境内，王质先生隐处。

勒溪——在建州建阳县东，是孔子遗砚之所。

龙虎山——在鹰潭贵溪县，仙人张巨君主之。

灵山——在信州上饶县北，墨真人治之。

泉源洞——在罗浮山中，仙人华子期治之。

金精山——在虔州虔化县（今江西宁都县），仇季子治之。

阁皂山——在吉州新淦县，葛玄曾修炼于此，郭真人所治处。

始丰山——在洪州丰城县，尹真人所治之地。

逍遥山——在洪州南昌县，徐真人治之地。

东白源——在洪州新吴县东，刘仙人所治之地。

钵池山——在楚州，王乔得道之处。

论山——在润州丹徒县，是终真人治之。

毛公坛——在苏州长洲县，属庄仙人修道之所。

鸡笼山——在和州历阳县，属郭真人治之。

桐柏山——在唐州桐柏县，属李仙君所治之处。

平都山——在重庆市丰都县，是阴真君上升之处。

绿萝山——在朗州武陵县，接桃源界。

虎溪山——在江州南彭泽县，是五柳先生隐处。

彰龙山——在潭州醴陵县北，属臧先生治之。

抱福山——在连州连州市，属灵禧真君廖冲真人治之。

大面山——在益州历史上成都县，属仙人柏成子治之。

元晨山——在江州都昌县，孙真人、安期生治之。

马蹄山——在饶州鄱阳县，真人子洲所治之处。

德山——在朗州武陵县，仙人张巨君治之。

高溪蓝水山——在雍州蓝田县，并太上所游处。

蓝水——在西都蓝田县，属地仙张兆其所治之处。

玉峰——在西部京兆县，属仙人柏户治之。

天柱山——安徽省安庆市潜山县，属地仙王柏元治之。

商谷山——在商州，是四皓仙人隐处。

江奎艺术博物馆藏明代道教文物

张公洞——在无锡宜兴县，真人康桑治之。

司马梅山（司马悔山）——在台州天台山北，李明仙人所治处。

长在山——在齐州长山县，毛真人治之。

中条山——在河中府虞乡县，赵仙人治之。

湖鱼澄洞——在西古姚州，始皇先生曾隐居此处。

绵竹山——在汉州绵竹县，琼华夫人治之。（王母之女）

泸水——在西梁州，仙人安公治之。

甘山——在黔南，宁真人治处。

汉山——在汉州，赤须先生治。

金城山——在四川省南充市东南古县，又云石戌，是石真人所治之处。

云山——在邵阳武冈市，属仙人卢生治之。

北邙山——在东都洛阳，属魏真人治之。

卢山—在福州连江县，属谢真人治之。

东海山—在海州东二十五里，属王真人治之。

由此可见：道教七十二福地，四川只有四个，绵竹是第六十四福地。

4、道教"十大洞天"有专家研究考证，绵竹是第三洞天。

第三洞天的地点，很多史书没有记载，不知道在何处，也有史料记载，第三洞天就是绵竹庚除山（西城山洞）治者王君治之"。

26

洞天简介：洞天指神道居住的名山胜地。洞天就是仙山，它包括十大洞天、三十六小洞天，构成道教地上仙境的主体部分，中国五岳则包括在洞天之内。 洞天福地多系实指。历代道士多往其间建宫立观，精勤修行，留下不少人文景观、历史文物和神话传说。分而言之，**"洞天"意谓山中有洞室通达上天，贯通诸山**。东晋《道迹经》云："五岳及名山皆有洞室。"《天地宫府图》云："十大洞天者，处大地名山之间，是上天遣群仙统治之所。"东晋道经《道迹经》（编辑东晋上清派"仙人本业"，实为《真诰》别本）胪列十大山洞及与此相应的十大洞天，后为唐司马承祯《上清天地宫府图经》和杜光庭《洞天福地岳渎名山记》等道书所据。洞天福地理论是道教宇宙论的一个重要组成部分。它的基本内涵用现代语言可以解释如下：

江奎艺术博物馆藏绵竹清代庙画

在我们人类栖居的以宇宙为中心的居留空间中（即所谓的"大千世界"）还并存着三十六所相对隔绝、大小不等的生活世界（即十大洞天、三十六小洞天）及七十二处特殊地域（即七十二福地）。这些洞天福地入口大多位于中国境内的大小名山之中或之间，它们通达上天，构成一个特殊的世

27

界，其中栖息着仙灵或避世人群。

"十大洞天"：**第一洞天**，王屋山洞，号"小有清虚天"。在王屋县（今山西垣曲、阳城和河南济源等县之间）；

第二洞天，委羽山洞，号"大有空明天"（"空"，一作"虚"）。在黄岩县（今属浙江）；

第三洞天，绵竹庚除山西城山洞，号"太玄总真天"。陶弘景《登真隐诀》疑在终南太一山，**杜光庭云在蜀州**；2005 年绵竹政协《**绵竹文史资料选编24 辑**》记载："第三洞天在绵竹庚除山。"笔者向原绵竹政协文史委主任咨询，回答说是原绵竹政协文史委在北京图书馆查阅史料的结果。

第三洞天——绵竹庚除山（西城山洞）

第四洞天，西玄山洞，号"三玄极真天"。亦莫知其所在。杜光庭云在金州；

第五洞天，**青城山洞**，号"宝仙九室天"。在青城县（今四川都江堰市）；

第六洞天，赤城山洞，号"上玉清平山"（《天地宫府图》作"上清玉平之洞天"），在唐兴县（今浙江天台）；

第七洞天，罗浮山洞天，号"朱明耀真天"（"耀"，一作"辉"），在博罗县（今属广东）；

第八洞天，句曲山洞天，号"金坛华阳天"，在句容市与金坛市交界处（今属江苏）；系上清道坛，茅山宗本山；

第九洞天，林屋山洞天，号"左神幽虚天"（《天地宫府图》作"龙神幽虚之洞天"），在洞庭湖口，而杜光庭则称在苏州吴县（今属江苏）；

第十洞天，括苍山洞天，号"成德隐玄天"，在乐安县（今浙江仙居。主峰在临海县境内）。

综上所述：绵竹是全国早期道教遗迹最多的县，据考证全国没有一个县比绵竹多，是真正的洞天福地。这是历代很多名人来绵竹问道醉酒的重要原因。后面要专题论述。

（四）、绵竹道教遗迹最多，道文化丰富的原因考析。

笔者认为，原因主要有以下几点：

1、绵竹山多仙迹。

天师道创立之前到处寻找仙迹，绵竹因仙迹多，是天师道首选的道场，是道教遗迹多的原因之一。

仙迹一：仙鹿与玉妃传说。

相传，在古蜀王开明十二世时（相当于中原春秋时期），有一农妇常年饮用鹿堂山溪水，孕后产子，一胞六胎，五男一女，可惜产妇因分娩而亡，得六子平安。但因家贫和重男轻女，难以抚养，其父遂将女婴弃之溪头。山上一只仙鹿在溪边饮水，见女婴便将她衔到山泉里洗浴，又衔到山坡上去晒干，因此，遵道自古就有地名"洗儿井"、"晒儿坡"。女婴从此饿吃仙鹿乳，渴饮山溪水，困卧小溪旁，得山水灵气，伴雨露成长，经过仙鹿十多年的哺养，貌如天仙。仙鹿哺乳出绝代美女的消息很快被古蜀王知道后，将其纳为妃，赐名玉妃，因仙鹿哺养玉妃有功，古蜀王将那片山脉赐为鹿堂山，至今鹿堂山上有像八卦一样的"仙鹿石刻图"。从石头的风化看，时间远不可及。玉妃过惯了处在山间野林的自由生活，过不惯锦衣玉食的宫廷生活，半年不到就忧郁而亡。古蜀王哀恸万分，将其葬于王宫后园（今西部战区北校场院内，属重点文物保护单位），并命玉妃五个兄长（五丁）在绵竹各取一担土培在玉妃墓上，因此玉妃墓又叫"五担山"。几年后，蜀中大旱，河床干裂，禾苗焦枯，玉妃被家乡父老哀号之声惊醒，飞回绵竹，将头上几百颗珍珠撒在家乡的土地上，珍珠顿时化作几百口清泉，地上瞬间泉水汩汩流淌，这也是绵竹多清泉的原因。

仙迹二：秦终飞升秦中山。

据古籍记载：秦始皇为采长生不老的丹药，派朝中大臣卢生、徐福带三千童男童女出海求仙丹，数年未归，跑到了今天日本国去了。同时他又派了韩终到绵竹九龙秦中山寻长生不老之药，韩终召集数千人上山采集九节紫花菖蒲、千年首乌、千年人参、千年灵芝。

十三年后，丹药炼成，韩终正准备回朝献丹，突然听到秦始皇已驾崩的消息，就独食了所炼丹药，骑白鹿在绵竹九龙山飞升成仙。因韩终是秦国人，后来人就叫他为秦终，他飞升成仙的山叫秦中山了，也有传说他炼丹未成，就逃到今天的韩国去了。

仙迹三：张良修仙悟道白云山。

相传，张良帮助刘邦统一了天下，深知"狡兔死，走狗烹"的道理，于是，辞去高官，抵西安，翻秦岭，来到绵竹白云山，在深山密林中看见树上一位鹤发童颜、唇红齿白的老夫正仰天高歌："我无功名，我无烦，朝暮独行白云间，恩怨原来无形锁，又有几人能悟穿。"张良向前摆手问道："老人家尊姓名谁？""老者苍苍，不知前秦后汉，不记春夏秋冬，不与百姓争姓，呼吾山翁即是。"张良请他指点迷津，山翁回答："人间有正道，何不问迷津！"张良跪地，求拜山翁为师，山翁怒目圆睁："吾居深山老林茅棚草根为伴，汝乃国家重臣，享不尽荣华富贵，来此荒山野岭何益？"张良道："仕途冷恶，不宜争斗，愿隐白云，千秋不悔！"山翁闭目不答，张良长跪不起，叩头触地有声，山翁叹道："此子心坚如铁。"这时山翁面色变，按肺惊叫："疼死我了！"张良急忙扶起山翁："请问何药可治？"山翁手指山顶说："九顶雪峰，摘二粒冰珠服下即可。"张良背负山翁上九顶采药，突然脚陷石缝，鞋子如被胶粘住，山翁叹道："名利皆忘，何惜一只鞋？"张良顿悟，光着脚继续前行，那鞋子留了下来，与石头长在一起，至今尚有一只鞋古迹。走着走着，张良背上的山翁不见了，抬头一望，大惊，山翁正端坐白云之中，拂须大笑，再仔细一看，原来山翁即是他日夜思念的黄石公赤松子，张良连忙叩头再拜。

张良跟随黄石公赤松子来到白云山顶，结茅为棚，修仙炼道，采雪莲，摘灵芝，采天地之灵气，吸日月之精华，与狼虫同行，求长生不老之身，后人称张良为"白云祖师"。这也许是张道陵追随先祖遗迹，在绵竹创办三个治所的主要原因吧！

仙迹四：严君平拔宅飞升。

相传，西汉著名道学家严君平在绵竹五都山修道炼丹，每天从武都山的通仙井到成都君平街占卜算命和行医救人，日卜百人而归。一日忽觉身轻如鸿，双脚离地，连房子也一起升入天堂，宅基立刻深陷成池，现在严仙观还有一副古联："百钱卖卜成都市，九轻成舟拔宅池"，至今"通仙井"和"君平池"尚存。

拔宅飞升后，宅里的鸡犬也一齐上了天，这就是"一人得道，鸡犬升天"成语的来历。甚至宅里老鼠也一齐上了天。在南天门前，严君平怒斥道："你好吃懒做，匪盗之徒，传疫祸根，还妄想升天？"便用拂尘将老鼠打下天庭，老鼠肠子被打了出来，这就是歇后语"武都山的耗子——拖肠鼠"的来历。

仙迹五：仙女洞的传说。

相传，西汉末年，绵竹金花山一带的老百姓曾流行一种"肚子痛"的怪病，医生也医不好，很多人不堪忍受自杀而亡。玉皇大帝侄女金花仙女知道后心生怜悯，就悄悄下凡，来到绵竹金花为患者治病。仙女住在山洞里，洞中有个清澈的水池，仙女就把从太上老君处得来的金丹和蟠桃会上的仙酒放在池中，然后叫病人饮之，不久，病就全愈。后来，人们就把仙女住过的山洞叫"仙女洞"，把洞中的水池叫"仙姑池"，金花的地名也由此而来。

仙迹六："鹿堂治"上有仙台。

据说，仙人老子曾经携带张道陵游览此山，给张道陵传教度世升仙之术，并且邀约了"四镇太岁大将军、川庙百鬼"，在此"折石为约，皆以正一盟威之道"，这就是张道陵创立道教和发展"五斗米道"的动力。

2、绵竹山多洞穴，寻觅洞室、利用洞穴是道教的宗教理想。

寻觅洞室或利用堪舆术发现"洞穴"，因之设立治所、宫、观，返归自然母体，得道成仙，这是道教的宗教理想，在其信仰的支持下，道教的洞穴和建筑被认为具有生命转化功能。

绵竹山有洞穴过百个，仅遵道就有七十二个洞穴，较大的洞穴有：罗汉洞、仙女洞、白水洞、祖师洞、潜龙洞、莲花洞等。这些洞穴大多景观奇绝，怪石林立，钟乳石千姿百态，有的像神仙，有的像佛，有的像山水画卷，有的像天上宫殿，洞中空气清新，冬暖夏凉，四季如春。

道教认为：居于原穴，饮于流水，就是为了不伤害地母，避免殃及于地，故少病而长寿。

山中洞室是原始道教建筑的典型形式之一，同原始道教人的伦理思想相一致。在早期道教经典《太平经》里就有反对"兴功起土"的思想内容，历史上依傍自然环境，与环境浑然一体或者利用天然洞穴的道教建筑很多。至今如江西庐山"仙人洞"、青城山"天师洞"，都是这种古老的道教建筑遗存。

自古以来，道教十分重视人、地之间的关系，并对这种伦理关系加以宗教化的解释。《太平经》卷四十五，清楚地阐明了天、地、人三者之间的伦理关系：天者主生，称父，地者主养，称母，人者主治理，称子，基于地母信仰，修道者山居，就可以不修居，可以免伤害大地母体。因此，《太平经》提出了"与者穴居，不起土，不修室宇"的宗教伦理。

道教认为，居于洞穴，就意味着回归母体，即"反其所生"就意味着可以成为真人。

《太平经》云：古者穴居云何乎？同贼地形耳，多就倚山谷，作其岩穴因地中，又少木梁柱于地中，地中少柱，又多倚流水，其病地少微，故其人少病也，后世不知其过，多深贼也，地多不寿，何也，此剧病也。这或许就是古代道教史上多有山林，"岩穴这土"，修道者苦心寻求山中洞室的一个重要思想根源，也是绵竹山多道教遗迹的原因吧。

3、绵竹山水灵秀、人民殷实、民风淳朴，易于教化。

张道陵从洛阳北邙山来到四川传道的原因之一，就是因为四川是天府之国，山水灵秀、人民殷实、民风淳朴，易于教化，绵竹在天府之国中一切都属翘楚地位，据《华阳国志》载"绵竹县刘焉初所治，绵（绵竹）与雒（广汉）多出稻稼，亩产三十斛有至五十斛。"其产量堪称全川之冠。又载："蜀川人称郫繁曰膏腴，绵竹为浸沃也"。说明自古绵竹农耕文化高度发达，是蜀中最富庶的地区之一。古往今来，道教与传统农业关系一直十分密切，道教继承并发扬道家的重农传统，视务农为修道的一种方式，主张农道双修，道教仪式的举行、崇拜的对象、使用的供品乃至仪式中的禁忌和服食均与农业密切相关。加上山水灵秀、人民殷实、民风淳朴，易于教化，这是绵竹道教遗迹多的又一原因。

4、绵竹山与道教诞生地鹤鸣山（今大邑县内）、中央教区阳平治（今彭州市内）和道教发祥地青城山距离最近。

鹤鸣山是道教的发源地,汉顺帝汉安元年时,张道陵于大邑鹤鸣山传教,创正一盟威之道（俗称"五斗米道"也称"天师"道），著道书24卷，成为教众的行动纲领，又尊奉老子为教祖，奉老子《道德经》为主要经典，这标志着道教的正式创立。

第二年，张道陵又到了与鹤鸣山相邻的青城山，降服了"六大魔王"、"八部鬼帅"，使青城山得以安宁。山民奉张道陵为"代天行道之师"即张天师，所以又称道教为"天师"道，道教最初在鹤鸣山诞生，而在青城山一带发展壮大。现在青城山已成为世界文化遗产，中国四大道教名山之一。

张天师为了更好地规范管理信教人员和传教，汉安二年正月七日，设立了二十四个传教点（即二十四治），大部分在四川境内和陕南一带，但是其中也有两治的管理范围延伸到今云南省境内。彭州市阳平山的"阳平治"是"二十四治"之首，俗称中央教区，被道教称为"祖庭"，"阳平治"被公认为天师道道士的最高教治。

绵竹山与中央教区彭州阳平治和道教发源地鹤鸣山以及道教发祥地青城山都同属于龙门山脉，相距不到100公里，这也许是绵竹道教遗迹最多的又一原因吧。

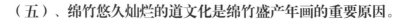

（五）、绵竹悠久灿烂的道文化是绵竹盛产年画的重要原因。

绵竹为什么盛产年画呢？

因为绵竹年画以门神为主，门神是道教的司门之神。门神源于远古时期的庶物崇拜，系道教因袭民俗所奉的司门之神。据史书《十国春秋》载，民间信奉门神，由来已久。除门神外，绵竹年画的其他很多内容也是道教内容。

郭沫若先生题绵竹年画诗云："真是洋洋大观，仿佛回到四川，门神皮影多好看，回忆幼时过年。无怪产生扬马，后来又有子瞻。工人手艺不平凡，千载百花烂漫。"

郭沫若诗也说明了绵竹年画的主要内容和特色是门神。门神是道教的司门之神。

绵竹年画还有一幅工笔年画赵公镇宅，赵公是道教的主要神仙之一，这也是全国其他地区年画少有的。这都是源于绵竹有悠久灿烂的道教文化。

为什么说"商人""商品""买东西"都与道教之神赵公有关。绵竹年画赵公镇宅的赵公叫赵公明。

传说周灭商后，姜子牙安排赵公明追捕商王室贵胄，赵公明将商王贵胄们囚在河南"商丘"，

赵公明为了让他们自食其力生活，就准许他们做生意，这些商朝贵族就把货物从东都洛阳运至西都镐京去卖，当人们问他们在做什么？商朝贵族们说："东边买西边卖。"所以买卖的货物叫"商品"，或叫"东西"，将做生意的人叫"商人"。所以，商人做生意都要供赵公明。

为什么说"买东西"与道文化的"五行学说"也有关。**东方属木，西方属金，"金"与"木"篮子能装；南方属火，北方属水，"水"与"火"篮子不能装。**因此只能说买"东西"，不能说买"南北"。

赵公明是武财神。传说，他最早是乞丐，他从乞丐成为了大财神，主要因为是他做生意很讲**诚信、厚道、公平。**有两个成语：一个是"**盖棺定论**"、另一个成语是"**无商不奸**"，就是**他从乞丐成为大财神的主要原因。**传说，装粮食的斗就是赵公明发明的，他买别人的粮食用

斗盖盖着，只要别人平斗，赵公明称为"**盖棺定论**"；他**卖粮食**给别人，就把斗盖去掉，**累尖卖给别人**，赵公明称之"**无商不奸**"。他主要靠**诚信、厚道、公平，辛苦**地赚地区差价钱，这样人们都愿意和他做生意。

（六）、绵竹悠久的道文化和美酒是众多历史名人来绵竹的重要原因。

1、为什么绵竹悠久的道文化和美酒是众多历史名人来绵竹的重要原因？

如果我们去研究历史就会发现严君平、扬雄、王勃、李白、杜甫、吴融、苏东坡、苏辙、文同、张三丰等这些中国文化的顶级名人都要来绵竹，为什么呢？**原因是他们不仅个个都是道文化的虔诚信仰者和道文化的大学者，而且个个又都是嗜酒者。**因为绵竹是洞天福地，是道教三十六靖庐的第一靖庐，是中国道教文化最主要发源地之一，是全国道教遗迹最多的地方，

35

又自古盛产美酒，所以，他们都要来绵竹醉酒论道，才为绵竹留下了悠久灿烂的道酒文化。

自古以来"道文化"和"酒文化"都是紧密联系的，"酒"有"道"的特征。

酒具有道的阴阳合和之气，状态是水，点燃是火。自古文人儒道互补，儒用来追求功名利禄，道用来超脱，追求生命精神自由。中国古代的大文豪和大诗人王羲之、李白等大多如此，他们既信道又嗜酒，而且有些大文豪还亲自酿酒。如扬雄、苏东坡等。

中华传统文化一直和道文化与酒文化浑然交融为一体。

绵竹东圣酒业，就是将绵竹悠久灿烂的道文化与酒文化与现代科技紧密融合的典范。其研发的"道生一"就是禀五行冲和之气，将"酒道"、"天道"、"人道"和"地道"和谐统一的人间美酒。酒在五行中属水，其卦象为坎。《黄庭经》云：百谷之实土地精，百谷杂粮在五行中属土，其卦象为艮。酒是用百谷杂粮酿制而成的，其所禀五行之气各有偏差。因此，配料的多粮型有利于改善百谷杂粮禀气的偏差，有利于改善酒的口感和质量。另外，百谷杂粮应与酿酒用水的产地一致。判断酒质的好坏不是看它的化学成分有多复杂，而是看它所吸收的有利于人体的精微物质的多少及酒体各成分间因五行属性的生克制化而形成的平衡系统的优劣而论。"道生一"就是利用百谷杂粮的科学配方，用绵竹天然矿泉水，吸收天地冲和之气精酿而成的人生长寿之道的美醇典范。

"中华年画酒"将绵竹道文化和绵竹年画文化相融合，更使之"画景春色，壶中洞天"，成为了颇受人们青睐的著名道文化与绵竹年画文化相结合的文化名酒。

　　2、中国文化的顶级名人很多都虔诚信奉道教，他们又大多喜欢醉酒，所以众多中国文化顶级名人要来绵竹。

　　3、道教是现存的中国宗教中唯一的本土宗教，是在继承了中国先秦诸子百家学说（主要是道家学说）、在殷商以降的鬼神崇拜和神仙方术的基础上发展形成的。它的历史非常悠久，从汉顺帝时（公元125年–公元144年）正式创立教团算起，至今已有近两千年的历史。道教的思想文化，在漫长的历史发展过程中，一直是中华传统文化的主要支柱之一。

自古以来道文化和酒文化都是紧密联系的，它与中华传统文化浑然一体。一位学者比喻得很好，中国传统文化是浩瀚的大洋，道教文化和酒文化则是这大洋中的一片辽阔的大海。道教在中华民族文化中有着深远和广泛的影响，它的许多思想和观念，经千百年的延续阐发，已经在中国人的思维方式、生活方式和行为方式上打下了深深的烙印。

书圣王羲之就是张道陵"五斗米道"的信仰者，又是嗜酒之人。现在"严仙观"和"静定"二字与绵竹的"酒和道"有个千古佳话。相传书圣王羲之十分仰慕大易学家严君平和大文学家扬雄的道德文章，多次给他在成都为官的朋友周抚写信询问严君平、扬雄的后人情况，其书信内容全载于王羲之草书法帖《十七帖》中，信中多次写到想来蜀地。相传"严仙观"和"静定"二字就是武都山道士提着绵竹美酒到王羲之山阴住所，王羲之在醉饮绵竹美酒后所书，王羲之也是信奉道教吃丹药死的。王羲之和他家17口人名字中都有一个"之"字，这"之"字，就是他们一大家人都是五斗米的信仰者的标志，就像信仰佛教有一个"释迦牟尼"的"释"字一样。

李白也既是笃信道教的谪仙人，又是十分嗜酒的大诗人，是"唐代饮中八仙"之一。李白还曾多次拉着杜甫一起去找仙人，挖仙草。他年轻时就从他的家乡江油多次来到绵竹问道醉酒，留下了"解貂赎酒"的佳话。

苏东坡也既是笃信道教，又是十分嗜酒和喜酿酒的大文豪。苏轼年幼时两个启蒙的老师都是虔诚的道教信仰者，他小的时候就差点两次出家当道士；他多次与其弟苏辙和大画家、大文学家文同来到绵竹，与武都山道士杨世昌论道饮酒成为了好朋友，所以才有后来杨世昌不远万里去探望被贬官于黄州的苏东坡，并教他酿绵竹蜜酒，二人醉游赤壁，苏东坡写下了千古名篇《前后赤壁赋》和《赤壁怀古词》这一中国文学史上的巅峰之作。

苏辙也是既信仰道教又喜酿酒的大文豪。这跟其兄长苏轼有着很大的关系，他跟哥哥苏轼和表哥文同也一起多次来绵竹问道、饮酒、吟诗。

苏辙信道教比苏轼还要虔诚不少，这跟他遇见了一件奇事有关。苏辙曾经得了一场重病，请来了许多名医，却难以根治，最终有一位道士前来，为苏辙开了个偏方，便药到病除了。古代道士基本上都会学习一些炼丹术，炼丹术有很多原理跟中医是相同的，所以厉害的道士多数治病也很厉害。苏辙就这样一生跟道教有着不解之缘。《孙公谈圃·卷下》记载，后来苏辙又开炉炼丹，一次正准备生火的时候，苏辙发现密闭的房间里面突然出现一只很大的猫，猫还站在炉子上面，不一会便跳进炉子里面消失不见了。苏辙立刻停下了生火，他认为这是上天给他的警示，此术太过厉害，自己不是能将此术传下去的人，于是他从此再也不提此事，但对此也有些沾沾自喜，自认为天妒英才。

杨世昌教其兄苏东坡酿蜜酒，苏辙认为味道好喝，他叫哥哥苏轼将酿酒技艺传给他，苏辙也写了两首赞绵竹蜜酒的诗。

4、因为中国酒文化的鼻祖就是道家庄子。

中国酒文化可以分为两个层面：一个是物质层面，就是制酒的工艺、器具等。传说，酒是杜康发明的，物质层面酒文化的鼻祖可以说是杜康。另一个是精神层面，就是与酒相关的哲学思想和文学艺术创作。这个精神层面的鼻祖应该就是道家庄子。在中国，精神层面酒文化的主要载体是文学，尤其是中国古典诗歌，而源头可以追溯到庄子哲学。中国古代的大诗人都嗜酒，也都喜欢庄子，这两者之间有一种内在的联系。而且，

他们很多不仅都信仰道教，还是道教文化的大学者。绵竹是道教文化特别悠久灿烂的地区，所以很多大诗人，如李白、杜甫、苏东坡等都要来绵竹问道醉酒。也许有人会问，老子是道家哲学的创立者，酒文化的鼻祖为什么不是老子呢？因为他们两个都是道家哲学巨人。同为道家，老子和庄子很不一样。老子的思想玄奥，文字简约，庄子的思想浪漫，文字绚丽，因此庄子更能够感动文学家和诗人的心灵。

中国文人是有双重人格的，就是儒道互补。儒和道各有其用，儒用来励志，鞭策人们追求功名利禄；道用来超脱，追求生命情趣和精神自由。这后一个方面就来自庄子的道家哲学。所以，中国古代的大文豪和大诗人不仅大多都嗜酒，而且他们很多都信仰道教，还是道教文化的大学者。

5、古时的道士修身养性不仅擅炼丹药，而且也擅长酿酒，主要目的就**是为了长寿健康。**

在《诗经·七问》中有"**十月获稻，为此春酒**"和"**为此春酒，以介眉寿**"的诗句等，《诗经》中这些诗句不仅表明我国酒之兴起，已有五千年的历史，春酒的原料多为新鲜稻谷，冬季开始酿造，春季成功出酒，而且说明了"**为**

此春酒，以介眉寿"。老子酿酒就是"以介眉寿"。绵竹严仙观从严子晞开始，到严君平、扬雄再到宋代杨世昌，一直到现代的严仙观仍然在酿酒，

其目的都是"以介眉寿"，即有利于长寿健康之意。

6、道教的历代仙真、历史人物中很多与酒有不解之缘。

（1）、道教八仙故事中的李铁拐、钟离权、张果老、何仙姑、蓝采和、吕洞宾、韩湘子、曹国舅，许多都与酒有关。

吕祖洞宾就是因酒而得度化。游长安时，他在酒肆中遇钟离权祖师，经过"十试"，得受长生久视之术而成仙。而倒骑毛驴的张果老常年用"宝葫芦"装酒，传说是因为"宝葫芦"装酒，除了能驱邪外，还因为"宝葫芦"能保存酒的味道不变。

钟离权祖师十试吕洞宾

（2）、在中国诗歌史上，唐代大诗人李白就是一位受过箓的"道士诗人"。

李白的一生，确曾访过道，寻过仙，炼过丹，采过药，受过道箓，并经常出入道观，研读道经，交钟离权祖师十试吕洞宾结道士，玄谈道旨。在李白的诗集中，游仙步虚之篇、轻举飞升之词及赠答酬唱羽士仙翁的作品所在多见。

41

司马承祯赞其"有仙风道骨"，贺知章称之为"谪仙人"。杜甫《饮中八仙歌》更是脍炙人口：**"李白斗酒诗百篇，长安市上酒家眠。天子呼来不上船，自称臣是酒中仙。"**李白在蜀中度过了自己的青少年时期，也是在蜀中，他奠定了神仙道教信仰的基础，并初步形成了他的自我仙人意识。这一切绝非偶然，除与李白天资聪颖、蜀地自古有浓厚的崇道之风有关，还因为这里是"五斗米道"的发源地，绵竹更是"五斗米道"的中心地区之一，绵竹盛产美酒的历史悠久，李白又嗜酒如命，所以，李白在绵竹留下**"解貂赎酒"**的千古佳话应该是真实的。这在《四川酒志》也有记载。

（3）、绵竹严仙观的严子晞是绵竹有史书记载的绵竹酿酒第一人。之后其子严君平和他的弟子扬雄、宋代杨世昌等高道都在严仙观酿酒。

（七）、道教是在酒文化非常发达的历史环境下孕育、生长和成熟起来的。

1、早在道教形成之前，中国远古酒文化就已经非常发达了。我国远古神祀宗教深深浸染了浓厚的酒文化特色。远古神祀宗教不但不禁酒，而且把酒作为祭奠神灵的重要供品，甚至还设有专门掌管宗教活动中敬酒事项的官职，称为"酒人"。现在出土的殷代古墓随葬品中多有酒具，也是这种事实的写照。如，商代甲骨文的 "福"字，就是双手捧着一个大酒坛，在祭台（示）前求神赐福的样子。

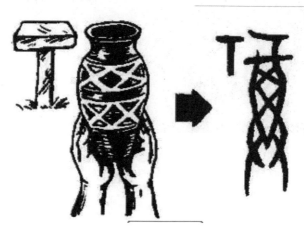

绵竹五福酒业就是将福文化与酒文化紧密而成功融合酿出美酒的典范。他们利用绵竹年画谐音的祝福与愿望，受到了人们的广泛青睐。"酒"音谐"久"，"五福酒"的文化内涵：（1）、"长寿久"（福寿绵长）；（2）、"富贵久"（富足尊贵）；（3）、"康宁久"（健康安宁）；(4)、"厚德久"（仁善宽厚）；（5）、"善终久"（无疾而终）。

2、早期道教不忌酒

在我国古代的神祀宗教中，作为专门掌管宗教活动中敬酒事项的官职

"酒人"。据《周礼·天官·酒人》记载：**"酒人掌为五齐三酒，并不一概忌酒**。《西游记》中孙悟空大闹天宫前有这么一个场景，王母娘娘开蟠桃大会，宫里的都忙着筹备美酒、水果。**孙悟空没有收到王母的邀请，就在蟠桃大会偷御酒喝。**

张道陵在蜀中创立"五斗米道"，设二十四治，治首即称**"祭酒"**。**"祭酒"**原为飨宴时醉酒祭神的长者，乃德高

望重者才能担任，"五斗米道"沿用此名，说明早期道士所行宗教职能与原来的祭酒有相通之处。**绵竹早期道教场所很多，祭祀神灵需要美酒通神，说明汉代的绵竹酿酒和酒文化就十分发达了。**

3、东晋道教学者葛洪真人，既炼丹也酿酒、嗜酒。

葛洪作为古代最著名的炼丹道士，他也像绵竹武都山严君平、杨世昌一样既炼丹也酿酒。他嗜酒爱酒，将酒入药，晚年隐居于广东罗浮山，修道行善，酿酒炼丹，行医采药，撰写著作，直到羽化飞升，至今当地还流传着葛洪在罗浮炼丹、著书、采药、养生、酿酒、治病救人等等传说。绵竹至今也留下来严君平酿酒的三口水井和炼丹、羽化飞升处。**相传陶弘景、孙思邈等诸多道家真人都嗜酒。葛洪真人把饮酒之后的神仙之状，写得更是惟妙惟肖、极其传神。**葛真人善饮却不贪杯，只是喜欢"神仙导养之法"，为的修仙问道，他写的《酒诫》美文，一直流传至今。至今，在我国各民族，由道教道士主持的一些重大斋醮祭祀天地神灵的活动中，还普遍有用酒祭祀天地祖先神灵的习俗，可见，道士与酒的关系渊源深厚。

4、道家的法则是道法自然，坚决反对酗酒。

因为古代酒都是用粮食酿造，过度酗酒就是对粮食的浪费，道家是坚决反对浪费的。适量饮酒是为了开心，过度酗酒既是对粮食的浪费，也对自己身体有害。道家修真，认为：酒醉"扑街"，纵酒乱性，不利于固肾养气。

早期的道教戒律并无不饮酒的条规。现存最早的道教戒律"五斗米道"《老君想尔戒》，分上中下三行，每行三条，共九条皆无戒酒之条。金代全真道出，丘处机始创传戒制度，入道者必须受戒才能成道士。

第一、酒是原始道家的贡品，并不完全戒酒；

第二、道家坚决反对酗

酒，对纵酒者有严格的处罚措施；

总结一下，也就是说修道之人酒微醉可以，但不可饮酒醉"扑街"。"养疾扶衰在酒，养疾扶衰，固神养气，酒为百药之长"。道家讲究精气神，修炼注重固肾养气，适当饮酒在固肾养气，调养身体方面可以称之为百药之长。传说吕洞宾因酒得道，他在酒肆中遇见恩师钟离权"十试"而得道。与此同时，《修真十书》又提出"乱性多因纵酒"。在一些典籍中还认为，"凡人一饮酒令醉，狂脉便作"，"伤损阳精"，"或缘高坠，或为车马所克贼"。酒醉之人时常发酒疯，纵酒或伤害身体，还可能因为失足从高空坠落，在马路上"扑街"而发生生命危险。

（八）绵竹先贤杨绘、张浚、张栻、刘宇亮等在九龙秦中山下修读书台、书院、别墅与道文化有关系。

绵竹先贤张浚、张栻

有专家说张浚、张栻都是绵竹九龙人。笔者研究认为，他们不一定是九龙人，即使他们是九龙人，为什么要将读书台和书院修在深山老林、人

迹罕至的山上 呢？现在的九龙已通过旅游开发成为了旅游区。1992年笔者在绵竹宣传部工作，德阳电视台征集电视专题片脚本，笔者《紫岩书院话沧桑》电视脚本被选中。与德阳电视台记者在拍摄寻觅紫岩书院旧址时，知情人说，在无为山上的深山老林中，毒蛇猛兽多，又没有路，当地人都无人敢去。最后，九龙政府武装部请了几个民兵，备了几支枪，再

找老农带路，经过艰难爬山才找到宋代张浚读书台紫岩书院遗址。在山上还发现了一个从来没有入过人民公社的老农，他每年只下一次山，以物易物，从来没有见过人民币，就连现在我们国家叫什么名字也不知道。他以

岩窝为房，以山野果子为食。第一个在那里修书院的是北宋大儒，后来是苏东坡的上司杨绘，南宋时期张浚、张拭是学习北宋时期大儒杨绘才在那里修书院的。那么，**为什么杨绘、张浚、张拭这些大儒们都要在秦中山下的无为山修读书台和书院呢？笔者研究认为，原因是：九龙秦中山、无为山是秦始皇派韩终采药炼丹飞升成仙之山**，在宋代自宋徽宗时对"韩

君丈人已经提到国家祭祀的高度"；这里是绵竹道文化的发源地，自隋唐至北宋是道教发展的鼎盛时期，上至帝王，下到百姓，都以信仰道教为荣，唐朝更是奉道教为国教。因为老子姓李，唐代皇帝也姓李，所以将道教作为国教。宋朝是以文治国的时代，重视祭祀与礼仪，在历代宋朝皇帝的极力推崇下，道教斋醮俗称"道场"，是道教的一种祝祷祭祀仪式。历史悠久几经变革，在宋朝时期迎来兴盛发展，开启了史无前例的崇道抑佛。

宋真宗时期，有大臣进言裁减道教斋醮费用，被宋真宗一怒之下免官流放了。直到宋仁宗时期才稍微减少了一些，但是依旧声势浩大不容侵犯。宋徽宗时期更是疯狂，不仅继续推崇道教斋醮，为了让道教影响力继续增强，他强迫佛寺变为道观，改僧人为道士，可谓是史无前例的举措。随着宋朝南渡，道教文化也并没有失去它的地位与影响力，更是在南方的广阔天地里再现强大的能量，成为不可撼动的宗教正统之主。为何道教斋醮能在宋朝如此盛行？

第一、**宋朝流行复古思潮**。宋朝以文治国，而以文治国的主要内容就是将过去的礼仪典法复兴重塑，从而改良成符合本朝使用的方针方向，为维持自身的统治添砖加瓦。而道教斋醮作为在唐朝时期就发挥过重要国家祭祀功能的政治工具自然是不能抛却的。**经过改良后势必会继续成为宋朝管理山河的一柄利器。**

整个宋朝沉湎在复古的文化氛围里难以自拔，作为创立于本土的道教文化自然比佛教这类外来教派更受青睐。因为根植本土的道教文化更能代表传统的华夏文明，也能令宋朝统治者感受到更接近曾经的辉煌。

第二、**为强化国家的统治力**。无论是北宋时期被强敌压迫，还是后来不得不南渡的窘迫，都使得宋朝官方对民心凝聚尤为重视。**只有将民心牢牢掌控住，才能在乱世稳定局势**，为自身的发展、来日的北伐注入强力。在如此弱势且风雨飘摇的局面里，如果宋朝当局抓不住民心就意味着国家的分崩离析。**兼具国家祭祀教化功能以及民间推崇的道教斋醮自然能成为官方选中的粘合剂。将国家与民众的信仰牢牢粘住**，始终维持在同一个维度空间里。

第三、**符合当时百姓的精神追求**。道教斋醮能够在宋朝盛行，除了归功于宋室皇族的推崇重用，也离不开当时人文气息浓厚的社会氛围，大量关于道教斋醮的文词流传世间，也是为道教的兴盛起到了推波助澜的作用。

由于道教在唐宋时期已经成为了国家的统治术，儒学到了唐代开始走向低谷，孔庙倒了都没人修了，所以宋代的大儒们就在道文化里寻找、汲取合理的文化内核。九龙山是道文化的仙山，所以笔者认为这是杨绘、张浚、张栻他们三位绵竹大儒当时要把读书台、紫岩书院修在九龙山上的主要原因。

明代刘宇亮也在九龙山修别墅，并留下了很多家喻户晓的传奇故事。

三、绵竹酒文化悠久灿烂的原因之三：绵竹自古农耕文明发达、酿酒灵泉古井众多。

据《华阳国志》载"绵竹县刘焉初所治，绵（绵竹）与雒（广汉）多出稻稼，亩产三十斛有至五十斛。"其产量堪称全川之冠。又载："蜀川人称郫繁曰膏腴，绵竹为浸沃也。"说明自古绵竹农耕文化高度发达，是蜀中最富庶的地区之一，因也是秀水灵山之地，灵泉古井众多。如：中国名泉玉妃泉；西汉严君平酿酒的通天井、月波井、菖蒲井；东汉灵泉圣母泉；三国古井诸葛井；隋代神泉三箭水等上千个古井古泉是绵竹盛产美酒的又一个重要原因。

绵竹东汉灵泉圣母泉

水乃酒之血。古代酿酒业的昌盛与否，与得天独厚的水性分不开。中国名酒剑南春、绵春贡酒、剑西酒、碧壇春、金安春分别利用中国名泉玉妃泉、千古神泉三箭水和诸葛古井水酿酒；"丰淳"利用"始皇仙泉"涌泉酿酒；"东圣""绵泉""五福酒业""杜甫酒业"等酒企分别利用绵竹东部千古灵泉、宋明古井酿酒。所以，这是绵竹酒非常有名、质量好的重要原因。

四、绵竹酒文化悠久灿烂的重要原因之四：集气候、水源、土壤"三位一体"的天然优越的生态环境。

（一）绵竹位于四川盆地的"白酒金三角"，是沱江、岷江、长江上游。三星堆和绵竹出土文物证明，这片地区拥有数千年的酿酒史，自古就是盛产美酒的最为理想的地区。

（二）绵竹常年温差和昼夜温差小、湿度大、日照时间短。酿制美酒所需的条件，在这里获得了理想的搭配。

（三）、绵竹地处亚热带，气候温湿、水量充沛，并在群山合围、相对封闭的盆地式环境之中。此地集气候、水源、土壤"三位一体"的天然生态环境，为酿造优质白酒提供了优越的环境。这种自然条件是一种生态系统，多方面共同作用，不可复制，无法模拟。它将特有的微生物和矿物质带入泉水、井水和河水中，这样的水造就了绵竹自古盛产美酒。

（四）、绵竹地处北纬 30 度左右，这是盛产美酒的黄金纬度。全世界历史上和现代的名酒、美酒都产在北纬 30 度左右。专家认为这是地球上的未解之谜。唐代的剑南烧春、宋代杨世昌的蜜酒、清代民国的绵竹大曲、现在的**剑南春、茅台、五粮液、泸州老窖、洋河、酒鬼**等。这些名酒的产地，似乎都约定好了一样，集中在一个黄金纬度 30 度左右的地带。

（五）、"白酒金三角"的土壤富含磷、铁、镍、钴等多种矿物质，湿热气候生产出高品质五谷加上千百年传承的精湛酿酒工艺，以及有利于多种微生物发酵的口口老窖等，为名酒剑南春、绵竹大曲和绵竹其他一系列美酒、名酒创造了条件。

江奎艺术博物馆藏唐代银鎏金大酒壶

第二章：道教文化使绵竹成为了三国历史的开端

笔者研究认为，可以这样说，如果没有绵竹的道教文化就有可能没有三国的历史，是绵竹的道教历史拉开了三国历史的序幕。或者可以这样说，没有绵竹的道文化，就没有三国，也就没有刘备在四川称帝。

一、为什么说绵竹是三国的开端？

历史记载，东汉末年绵竹有两支道教队伍：一支是张角黄巾起义道教队伍，在绵竹以马相、赵抵为黄巾起义领袖，是反政府的道教队伍。在以前，马相、赵抵起义是进入中学历史课本的。另一支是信仰张道陵"五斗米道"的道教队伍，是不反政府的，当时是以张道陵的儿媳妇卢氏（第二代天师张衡之妻）和张道陵之孙张鲁为领袖，在历史中也有明确的记载。

东汉末年，朝廷九卿之首的刘焉看到了因为张角领导黄巾大起义席卷全国使天下大乱后，就向汉灵帝提建议说："现在之所以到处叛乱，是因为地方上的刺史太守贪污和鱼肉百姓，应该选派有威望的宗室重臣去地方担任州牧官职，让其拥有地方军政之权，以便加强地方实力，剿灭黄巾军。"汉灵帝接受了他的建议。

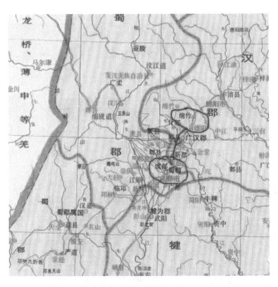

刘焉是宗室，又是很有威望的大臣，他开始申请去交州（即今天的两广和现在越南南部地区，越南当时属汉朝管辖）当州牧长。后听在朝廷为侍中的图谶学家绵竹人董扶建议说："**益州有天子气。**"刘焉就向朝廷申请到蜀地任益州牧，这个建议是他打着心里的小算盘到地方的，他实际上是想趁天下大乱，割据一方，若有机会就逐鹿中原。**刘焉到益州后在董扶的建议下就将州治建在绵竹长达五年之久。**（即益州最高行政中心、军事中心、文化中心建在绵竹，相当于今天四川省的中心成都，但比四川省管理的范围宽得多）。

益州是当时汉代十三个州中较大的三个州之一，四面高山，地域辽阔，管辖今天的四川、重庆、云南、贵州地区和甘肃、陕西、湖南、湖北的一部分地区。**刘焉将州治设在绵竹可见绵竹当时多么重要而有名。**

刘焉为什么要把益州治建在绵竹？

根据历史记载，笔者总结为以下几个原因：

　　第一、绵竹距离东汉末年都城长安最近。刘秀所建东汉都城本来在洛阳，公元 189 年发生了三个皇帝死、废、立之事，汉灵帝死，汉少帝被董卓废，董卓立汉献帝当皇帝，挟天子以令诸侯。导致了袁绍、刘表、曹操等十八路诸侯讨伐董卓。董卓就把洛阳都城一把火烧成一片焦土，就迁都到他的老巢长安，将皇帝也挟持到了长安。

　　第二、绵竹自古是膏腴之地，土地肥沃，人民殷实。

　　第三、在刘焉来的路上刚刚平息了马相、赵抵在绵竹发起的黄巾起义，但绵竹还有马相、赵抵黄巾起义的残余需要歼灭，社会需要安定。

　　第四、更重要的是当时在绵竹信奉道教非常盛行，刘焉认为可以利用不反政府的张道陵"五斗米道"实现他的政治目的。道教二十四个治所绵竹一地就有四个治所。（"五斗米道"，凡入道者都要交五斗米，或者其他价值相当的东西），在沿途设立驿站馆，百姓免费吃住，取之于民，用之于民，老百姓参与者很多，一直传到民国，末代天师随国民政府跑到台湾，台湾现在还有天师府。

　　古籍记载，刘焉到益州不久第二代天师张衡就去世了，张衡的老婆卢氏特别风骚、美丽又会道术，"经常半夜三更到刘焉家里"，卢氏与刘焉成为了非常好、非常特殊的亲密关系。刘焉还给了卢氏之子第三代天师张

鲁一个督义司马的官做，派张鲁和别部司马张修到汉中，掩杀了汉中太守苏固，后又支持张鲁杀掉张修，让张鲁当汉中王。刘焉又叫张鲁切断了通往中原的最便利的道路，并上书朝廷："**米贼断道，不得通复**"。"**又在绵竹造作与皇帝同等级的车马千余乘**"，事情传到荆州牧刘表那里，刘表上书告状，说刘焉图谋不轨，当时**汉献帝就派刘焉的小儿子刘璋来绵竹规劝，刘焉一见儿子的到来，就把小儿子刘璋留在益州**。刘焉还同在长安的儿子刘范一起暗中和凉州的军阀马腾（马超之父）联合起来，以勤王的理由讨伐当时朝廷专权的董卓部下李傕、郭汜（因为王允用貂蝉施美人计使吕布杀死了董卓，王允没有处理好其部下的关系，导致王允被杀，李、郭又学习董卓挟天子以令诸侯），**刘焉就设想了一个"一箭三雕"之计**。

计之一：暗中支持马腾打李傕、郭汜。他想，如果马腾打胜了李傕、郭汜，他就可以在皇帝面前邀功，因为他暗中给了马腾五千兵马，还暗中叫两个儿子勾结了马腾。

计之二：如果马腾打败了，他可以削弱马腾对他的威胁。

计之三：马腾是以清君侧的理由打李傕、郭汜的，如果李傕、郭汜借此把汉献帝杀了，刘焉就有理由逐鹿中原当皇帝。

但是，意外的是马腾兵败，他的两个儿子也被杀，《绵竹县志》记载："又因为绵竹城门失火，一场无情的'天火'把刘焉精心制作的皇帝才能使用的一千多辆车具全部烧毁，同时大火殃及全城，不少百姓的房屋也毁于一旦"。刘焉不得把州治迁到成都，"既失二子，又感妖灾，兴平元年，痈疽发背而卒"。

江奎艺术博物馆藏庖厨汉砖

刘焉死后，他的小儿子刘璋继承当了益州牧，刘璋上台后，就做了一件大蠢事，逼反了张鲁，他见张鲁势力强大，不好控制，就把张鲁住在成都的家人全杀了，张鲁彻底反了，刘璋就与张鲁打，刘璋以一州之地，打不赢张鲁一郡之地。刘璋就想找帮手打，他就叫张松去找曹操，曹操见

张松相貌丑陋，怠慢了张松，伤了张松面子。找孙权又太远。张松就给刘璋建议请刘皇叔帮忙，刘备大喜，当时刘备的地盘荆州都是借的，就带着谋士和人马

来到益州，刘璋突然反应过来了，如果刘备打了不走不是更不好办吗？刘备问刘璋要兵马，要一万只给两千；要钱，要十万只给一万。刘备说你请我来帮你打张鲁，你不给我兵马钱粮，我回荆州去了。实际上，刘备是口是心非，蜀地这个膏腴之地他哪里舍得呢？**张松就给刘备写信说：我请你来，就是请你当主公**。就把成都的虚实和军队布防告诉刘备。张松的哥哥张素怕牵连自己，就向刘璋告密，张松被杀。刘备与刘璋彻底撕破了脸，刘备很快就攻占了成都。刘备对刘璋说，益州这个地方我来管理，就把刘璋弄到了偏远的湖北公安苟且度日。刘璋感到太丢人，把姓改为陈，死后他子孙才又改回姓刘。**刘备当上了蜀汉的开国皇帝。印证了图谶学家绵竹人董扶说："益州有天子气。"**这就是刘备在蜀地建立蜀汉政权的大概历史，所以说，绵竹是三国的开篇，是绵竹悠久的道文化拉开了三国的序幕。

绵竹诸葛瞻、诸葛尚墓

二、为什么说绵竹不仅是三国历史的开幕，又是三国历史的闭幕？

大家都知道的"魂断绵竹关"，这一事件标志着蜀国的灭亡，三国的闭幕。三国时司马昭命钟会、邓艾领兵伐蜀，诸葛瞻父子魂断绵竹关之后，邓艾很快打到成都，刘禅投降，就标志着蜀国灭亡了。因为这段历史基本大家都知道，与本书无大关系，就不赘述了。

江奎艺术博物馆藏唐代金质荷叶莲花酒碗

第三章：历代名人与绵竹酒

一、蜀国始祖蚕丛王与绵竹历史、绵竹酒

《绵竹县志》记载，"绵竹古为蜀山氏地，西周时为蚕丛国之附庸邑……"。蜀国始祖蚕丛，号蜀山氏，是古蜀国之始祖。

西汉扬雄《**蜀王本纪**》载："**蜀之先王者，有蚕丛、柏濩、鱼凫、开明**"，"**蚕丛始居岷山石室中**"。

唐代诗人李白在《蜀道难》中也吟咏道："蜀道之难，难于上青天。蚕丛及鱼凫，开国何茫然。"

《华阳国志·蜀志》也记载："**蜀先称王，有蜀侯蚕丛，其纵目，始称王，死作石棺椁，国人从之。**"

《史记·五帝本纪》载："蜀之为国，肇于人皇，至皇帝，为其子昌意娶蜀山氏之女。"

以上记载都说明了蚕丛是古蜀国之始祖，是古蜀国第一个称王之人。他与黄帝同时代，是黄帝之子昌意娶蜀山氏之女所生，是有纵目特征的蜀王。

20世纪80年代，四川广汉三星堆出土了一批珍贵文物，其中出土了几具青铜纵目人面像。四川大学林向教授在《周原卜辞的'蜀'》一文中论证道："纵目人是古蜀国蚕丛氏之特征。"出土文物印证了各种史籍对蚕丛王的记载和民间的历史传说是基本一致。

史家考证，蚕丛氏部落是氏族的一支，他们世代居住在岷山一带，由

于山高路险，不能像平原居民那样建
起"木骨泥墙"的房屋，使生活过得
比较舒适，而是因地制宜，在山崖上
凿起窑洞似的"石室"来居住。他们
的长相和穿着都很奇特，"是时人萌，
椎髻左衽，其目纵，不晓文字，未有
礼乐"。也就是说他们的眼睛是像螃
蟹一样向前突起的，头发在脑后梳成
"椎髻"，衣服的样式是左边斜着分
了叉的。**蚕丛氏成天坐在密不透风的
石室中思考问题，想带领他的族人们
寻找一块更好的地方安居乐业。**

　　那么，为什么要选择现在三星堆这个地方呢？这是一个千古之谜！

　　笔者研究认为，也许是跟《绵竹县志》记载的与三星堆相邻的绵竹观
鱼石亭江畔"蚕女墓"和流传万古的传奇故事有关，就是说绵竹观鱼石亭
江畔"蚕女墓"和流传万古的传奇故事，可能是蚕丛氏部落从岷山迁徙到
现在三星堆居住的一个重要原因。是蚕丛部落在蚕丛王的带领下开启了古
蜀丝织和酿酒的先河。

　　笔者根据众多古籍记载研究认为：可能是蚕丛氏部落首领听说在现
在三星堆不远处的绵竹观鱼石亭江畔出现了一个震惊天下的神奇女子变为

了蚕，能吐丝，乡亲们还
能将丝织为帛。蚕丛氏部
落首领成天坐在密不透风
的石室中思考问题，想带
领他的族人寻找一块更好
的地方安居乐业，就翻山
越岭、千辛万苦地来到这
里考察，这里已经开启了

三星堆出土的古丝绸照片

栽桑、养蚕、织丝的产业，又发现这里地势开阔，沃野千里，河流众多，蚕丛氏认为这正是安居乐业、发展经济的最好地方，于是就率领他的部族从岷山上迁徙到了现在广汉三星堆一带发展。

到三星堆一带，有专家认为，也许通过战争，蚕丛氏就带领他的族人们学会了栽桑、养蚕、织帛，利用肥沃的土地、河流发展农业、酿酒、捕

三星堆出土的古蜀始祖蚕丛时期的陶酒器

鱼等职业，而且在当地人的基础上大大发展了纺织技艺，将蚕丝织成了更精美的锦帛，所以把其首领叫蚕丛王。三星堆出土的世界上最大的、具有古蜀国蚕丛氏之特征的青铜造像，从其身上穿的几件精美的锦帛衣裳可以知道蚕丛国纺织工艺的发达。他们的农业和酿酒业也做得非常之好，三星堆出土的众多酒器可以证明当时蚕丛时代蜀地酿酒业之辉煌。如果当时农业不发达，就没有多余的粮食酿酒，就不会有发达的酿酒业。

三星堆青铜器（受夏商文化影响）——左：龙虎尊；中：铜圆尊；右：铜圆罍

三星堆出土的商代青铜酒器

据专家分析，可能当时三星堆一带已有部落聚居，但势力都不够强大，自然很快蚕丛氏就吞并或同化了他们，并成为了王者。

绵竹的"蚕女墓"，笔者查遍史料，它是全国唯一的。（《绵竹县志》记载的"蚕女墓"遗迹在绵竹观鱼石亭江畔）

《绵竹县志》对蚕女墓的地点和历史作了记载：绵竹"蚕女墓"遗址位于绵竹观鱼场石亭江东岸赵家嘴（与三星堆接壤）。《绵竹县志》记载："昔帝高辛时，蜀无君长。有人为邻境所掠者，其妻誓曰，能还吾夫，即以妻女。其家马绝绊而去，数日驮其夫归。马见其女辄嘶鸣，妻以誓告夫。夫怒杀马，而曝其皮。女过于侧，皮卷女飞去。异日得皮于树上，女化为蚕。"

译文：传说在太古高辛氏代（帝喾高辛氏：公元前3380—前2799），帝喾：姬姓，名俊，华夏

宋代蚕母像

族。生于高辛（今河南省商丘市睢阳区高辛镇），故号高辛氏黄帝曾孙。蜀地没有君王，只有蜀山氏独霸一方，其他人聚族而居，各部族之间常常发生争斗，夺人占地，恃强凌弱。在广汉、绵竹、德阳交界处，有一对夫妇，膝下仅有一女。有一天，丈夫外出办事，被相邻部落的首领抓去充当奴隶，自此后，妻子思夫心切，既牵挂丈夫几时归来，又担心丈夫经不起严苛劳役，便立下誓言："谁能将丈夫救回，将其女嫁为妻。"然，部落中无人可为，只有家中一匹公马通灵性，它挣脱缰绳，奔去找到了被抓去充当奴隶的丈

帝喾高辛氏陵

夫，便飞蹄长鸣。丈夫一听，便知道是自家的马来了救他了，偷偷上马飞奔回到家里。丈夫归来，家人重逢，悲喜交集。丈夫欣喜于家里的马通晓人性，有"非常之情"，便加倍厚养它。奇怪的是，从那一天起，这匹马就开始变得烦躁不安，不肯吃草料，也不肯喝水，看到主人的女儿便嘶鸣

不已。丈夫见家马如此情状，感觉很是奇怪，于是向家人问起因，妻子便将立下誓言的事告诉了其夫。其夫气愤地说："虽然马救了我，但哪有将人嫁给马的道理呢？"听到这番话，马儿突然一边不停用蹄刨着地面，挣扎着想要扑过来，一边嘶叫哀鸣起来。丈夫见此情景，一怒之下取箭射死了家马，并将马皮晒在院子里。一日，其女从马皮旁边走过，马皮卷女而去，夫妇俩十分悲痛。数日后，家人在门口的树上找到了女儿，只见她一会儿就变成了虫子，伏在树上吃起了树叶。夫妻俩见状，更加悲痛，于是将她带回家精心饲养起来。这虫子能食叶吐丝，其母就将丝织成帛，并教邻居乡亲们都学着织帛。

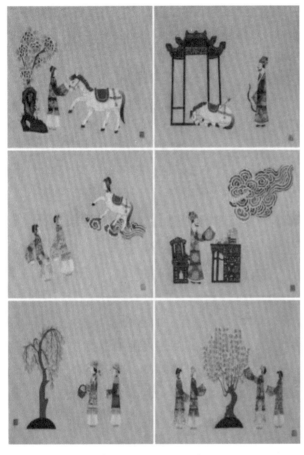

明清时期女化蚕故事画

因为这种虫子总是吐丝缠绕自己，其父母就把她叫蚕子，又因为女儿是丧失生命变为虫子上树食叶的，人们就把这种树称为桑（丧）树。乡亲们并为蚕女建了纪念墓和蚕女庙，因蚕女食叶时，见人则抬头仰望，形如"马头"，又称为"马头娘"或"蚕花娘娘"。因为这件神奇的事情发生在绵竹与广汉、德阳、什邡接壤之处，所以广汉、绵竹、什邡、德阳都有"蚕女庙"。当地老人回忆说：旧时蚕女庙香火鼎盛，每年二月初八、九月初八和腊月初八，人们总会从四面八方赶来这里参加庙会，向庙中一个身披马皮的女子神像祷告一年的风调雨顺，祈祷蚕桑之事。

　　这个故事在东晋干宝著《搜神记·女化蚕》、唐代杜光庭《墉城集仙录》和明代曹学诠《蜀中广记》引《仙传拾遗》等古籍都有记载。

　　东晋《搜神记·女化蚕》记载："传说有蚕女，父为人掠去，惟所乘马在。母曰：'有得父还者，以女嫁焉'。马闻言，绝绊而去。数日，父乘马归。母告之故，父不肯。马咆哮，父杀之，曝皮于庭。皮忽卷女而去，栖于桑，女化为蚕。"

　　唐代杜光庭《墉城集仙录》卷六"蚕女"中有更加明确的记载："今其（指蚕女）冢在（蜀）什邡、绵竹、德阳三县界，每岁祈蚕者，四方云集，皆

获灵应。蜀之风俗，诸观画塑玉女之像，披以马皮，谓之马头娘，以祈蚕桑焉。"这段记述充分证明了，蚕女墓历史十分悠久，唐代杜光庭认为"蚕女墓"在蜀地，冢在（蜀）什邡、绵竹、德阳三县界处，与现在蚕女墓的地点一样。现在"蚕女墓"就位于三地交界处的绵竹观鱼镇赵家嘴。

　　明代曹学诠《蜀中广记》引《仙传拾遗》也有类似的记载："蚕女者，当高辛氏之世，蜀地未立君长，各所

统摄，其人聚族而居，遂相浸蚀，**广汉之墟**，有人为邻土掠去已逾年，惟所乘之马犹在。其女思父，语焉：'若得父归，吾将嫁汝'。马遂迎父归。乃父不欲践言，马跄嘶，父杀之。曝皮于庖中。女行过其侧，马皮蹶然而起，卷女飞去。旬日见皮栖于桑树之上，女化为蚕，食桑叶，吐丝成茧。"

东晋干宝著《搜神记·女化蚕》讲了这个女化蚕的故事，唐代杜光庭《墉城集仙录》，明确记载了蚕女墓在什邡、绵竹、德阳之间。明代曹学诠《蜀中广记》引《仙传拾遗》就进一步讲清楚了女化蚕的地点在蜀地广汉，绵竹当时属于广汉管辖。《绵竹县志》就更加明确记载了蚕女墓和蚕女庙的具体地点在绵竹观鱼石亭江畔的赵家嘴，所以与三星堆接壤的绵竹、什邡、德阳世世代代都有蚕女庙，而且香火特别旺盛。

清代《德阳县志》对蚕女墓和蚕女庙有更加明确、具体的记载。清同治十三年（公元1874年）修《德阳县志》卷二三记载："蚕女庙，县西四十里通江镇水浒，列朝屡建，屡圮于水，至今仅一小丛祠焉。"又卷三六载："**蚕女墓，县西二十里石亭寺侧，今为水所啮，仅存祠宇。**"蚕女庙又名蚕姑庙，在四川省德阳市景福乡。解放前尚有庙绘壁画十六幅，有"强冠肆虐""老翁被虏""名驹赴难"等，内容大抵皆蚕马神话之演述。1954年庙被拆毁。

清同治《德阳县志》为我们提供了四个信息：

第一、说明了"蚕女墓"确实存在，其地点在"县西二十里石亭寺侧"。即现在的绵竹石亭江东岸赵家嘴（广汉、德阳、绵竹交界处，与三星堆接壤）。

第二、从清代《德阳县志》记载的蚕女庙的壁画内容看与绵竹、广汉的蚕女故事内容是基本一致的。

第三、说明了"蚕女墓"的地点是因为靠石亭江边太近，"今为水所啮，仅存祠宇"。即在清同治十三年（公元1874年）前已经被水毁，"蚕女墓"还有专门的祠宇。

第四、说明了20世纪70年代末《绵竹县志》所记载的"蚕女墓尚存"的蚕女墓是清同治十三年（公元1874年）之后复修的。因为靠石亭江边太近，20世纪70年代之后又被水毁。

广汉也有"蚕女庙"和流传万古的蚕女神奇故事。

再从与三星堆同时代的甲骨文"蜀"字的造字来看：

甲骨文　　金文　　小篆　　楷书

"蜀"是象形字。甲骨文像蚕蠢蠢蠕动的样子，头部（即"目"）显得非常突出，就像三星堆蚕丛王的眼睛一样，特别突出，下面是卷曲的身体。金文已经不大像蚕的形象，便另加"虫"以示意。隶变后楷书写作"蜀"。

《说文·虫部》："蜀，葵中蚕也。从虫，上目像蜀头形，中像其身蜎蜎。"《诗经》曰："蜎蜎者蜀。"（蜀，桑木中形状像蚕一样的害虫。）由虫会意，上面的"目"像蜀虫的头，中间的 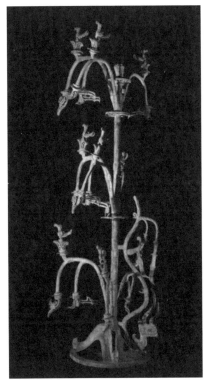 像它的体形蜎蜎屈曲的样子。**《诗经》说："身躯蜎蜎屈曲的是蜀虫"。"蜀"的本义为蚕，泛指蛾、蝶类的幼虫。**

甲骨文是商代时期的中原文字，笔者从商代中原所造的"蜀"字的文化内涵推断：蚕丛时期古蜀国的经济、文化是很发达的，以丝绸为主的手工业产品是很流通的，否则，商代中原地区所造的甲骨文为什么会知道蚕桑、丝绸是古蜀国最大特色呢？为什么所造"蜀"字，能够非常形象、生动地反映古蜀国的经济、文化和信仰特色呢？

学术界观点认为**"蜀"字上的"目"是人的眼睛**，有学者在《三星堆青铜直目人面像的历史文化意义研究》一文中认为：**人像纵目突出双眼，其含义与中原甲骨文的蜀字突出眼目的意义相同**。反映了蜀字的字根之所在，古蜀字的上部象征纵目，纵目人像与《华阳国志·蜀志》有关蚕丛纵目的记载相吻合。蜀中之目似应为人的眼睛，但不是对现实

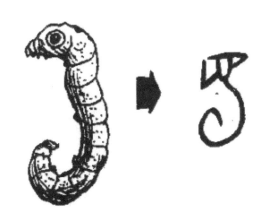

生活中人的眼睛的客观描摹，而是神化了的蜀王眼睛。

笔者认为："蜀"字的"目"既代表蚕的眼睛，又代表神化了的蜀王蚕丛的眼睛。商代甲骨文的"蜀"字是蚕的象形字，上面的"目"是"蚕"的头。这是**中原商代甲骨文抓住了古蜀蚕丛时期最有特色、最辉煌的产业"养蚕"和远销中原地区的"丝绸"来造字的。就像原来西方人用"瓷器china"代表"中国"一样**。同时，"纵目"还有古蜀先民对蚕丛王的目光远大的崇拜与信仰，所以从出土青铜直目人面像来说是神化了的蜀王眼睛也是很有道理的。

综上所述：笔者认为，始居于岷山石室之中的蚕丛部落，从岷山一带迁徙到现在广汉三星堆地区居住发展的重要原因可能是：蚕丛氏部落首领听说现在的与三星堆相邻的绵竹石亭江畔的赵家嘴地区"女化蚕"、"蚕织丝"和"丝织绸"、"绸制衣"的故事后，就从岷山的高山上来到这里实地考察，看见这里沃野千里、一马平川、河流水系发达，正是安居乐业、生存发展的最好地方，于是蚕丛就率领他的部族从岷山上，经过千难万险，还可能进行了战争，迁徙到了现在广汉三星堆一带发展，开启了古蜀国栽

桑、养蚕、丝绸、酿酒、青铜制造的辉煌历史。

笔者认为这也许是三星堆文明形成的文化渊源也许是第一代蜀王被称为蚕丛王的重要原因。说明了三星堆和周围地区不仅是万古"女化蚕"的"蚕神文化"的发源地，也是蚕桑、丝绸、蜀锦、蜀酒文化的发源地。从三星堆出土的，全世界历史最久远、最奇特、最神秘、最高大的青铜蚕丛人像身上穿的三件精美的锦帛衣裳和出土的丝绸文物，可以知道蚕丛国纺织工艺的发达。从出土的各种精美酒器和文物可以真实地反映蚕丛时期的古蜀国包括现在的绵竹地区就是古蜀国酿酒的中心，农业、酿酒业、青铜制造业和手工业的辉煌发达。

同时，从商代中原所造甲骨文"蜀"字说明了，蚕丛时代的古蜀国是经济、文化非常开放的王国。

距蚕女墓和三星堆不远处，还有一个十分古老的地名叫"齐福"，和一个很有名的"齐福酒业"。从出土文物看，此地自古就是盛产美酒的中心。再从与三星堆同时期的甲骨文来看，"齐"（ ）是谷物整齐茂盛之意。

"福"（ ）是手捧美酒敬神，向神祈福之意。所以，笔者对绵竹齐福酒业董事长吉明昌先生说："你们的地理位置和名字都说明了"齐福"盛产美酒的历史十分悠久，三星堆产酒时期，齐福就盛产美酒了，所以你们齐福酒焉能不名？酒焉能不好？这也是你们齐福酒生意兴隆和深受社会青睐的原因呀！这就是你们齐福酒业的酒文化！酒广告！吉先生听了很高兴，要求企业今后就应该这样宣传。"

二、蜀王开明帝与绵竹历史、绵竹酒

《蜀王本纪》记载：开明神话中的"开明"是春秋战国时的楚国人，在神话故事中说开明的尸体由长江逆流而上漂到了四川成都，被当地百姓发现，开明突然活了，这个消息传到古蜀国当时的杜宇国王（望帝）耳中，杜宇非常好奇，亲自去看了看，他见开明的确是个活生生的人，并且还是一个美男子。于是杜宇国王与开明交谈起来。杜宇问开明："你是哪里人？"开明答："楚国人。"杜宇问："你来干什么？"开明答："找我的妻子。"杜宇接着问："除了找你妻子外还要干什么？"开明答："听说贵国常发生水灾我可治水。"杜宇听开明能治水，于是请他回王室给他安排治水工作。

开明在古蜀国治水方面成绩很突出，杜宇国王（望帝）很信任开明就请他在王室交谈，无意中开明突然见到一个美女就是他的妻子。杜宇国王知道后觉得对不起开明而得了忧郁症，杜宇国王死之前将王位传给开明，从开明始古蜀国的国王开始称帝，号称丛帝，又称开明帝，建立了开明王朝。后来他死的时候，就把王位传给了自己的儿子，不知传到第几世，重新建了一座都城，命名为"新都"。这就是四川现代"新都"名字的由来。

开明帝在古蜀国治水走遍了四川的江河。有学者研究认为，开明帝还去过四川乐山大佛附近的大渡河、青衣江、岷江治水。为纪念开明帝的治水功绩，古蜀国先民将开明帝制作为青铜像。

金沙遗址出土的三角眼、大耳金面具

开明帝眼睛呈三角眼，一是表示开明帝是一个浓眉大眼大鼻大嘴大耳的美男子形象；二是三角眼的三道凹槽线条表示开明帝在三条江河：大渡河、青衣江、岷江治水的象征。

有专家认为，三星堆和金沙遗址出土的青铜器、古玉器、金箔等人物的三角眼就代表古蜀国的开明帝。为什么古蜀国的青铜器、玉器都有凤凰型器物呢？有专家认为，因为开明帝是楚国人，楚国人的崇拜图腾是凤凰鸟。开明帝为了怀念他的祖国，就在古蜀国制作凤凰型的青铜器、玉器是很正常的，这也体现古蜀国的楚国文化。（摘自 zzzcqbb 的博客）

《华阳国志·蜀志》载："**九世（《路史·余论》为五世）有开明帝，始立宗庙，以酒曰醴，乐曰荆，人尚赤，帝称王**"。从这条史料明确记载了到了蜀王开明帝时期，蜀国在礼乐文化制度上进行了改革，建立起一套为巩固奴隶制国家所必需的宗庙祭祀制度。**此处专讲"以酒曰醴"，说明酒在蜀国社稷宗庙中的重要性。**

我国商代就有了名叫"醴"的酒，**开明九世（或五世）"以酒曰醴"，是仿效中原的称呼，把酒统称为"醴"，并不是说这时蜀国才有醴酒。**广汉三星堆遗址，埋藏着许多从新石器时代到青铜时代的历史遗迹。相当一部分陶器、青铜器属于酒器，如盉 hé（盛酒器和盛水器）、觚 gū（作用

相当于酒杯）、觯 zhì、瓮、罍（酒樽）、钵、尊、爵等。最早的距今约 4000 年，则相当于中原的商代至战国末期。绵竹也出土了各种春秋战国时期的青铜酒器，说明了在古蜀开明帝时期，绵竹也和三星堆时期一样，不仅酿酒技术发达，酒产量高，饮酒的用器也非常的多样，一定和三星堆一样是蜀酒酿造和酒文化的中心地区。

绵竹出土的春秋青铜酒器

　　《绵竹县志》记载："绵竹古为蜀山氏地，西周时为蚕丛国之附庸邑，为古蜀之翘楚"。既然"绵竹古为蜀山氏地，是古蜀之翘楚"，酿酒业一定也很繁荣。因为古代酿酒业的昌盛与否，与得天独厚的水性、土质和气候条件有关，但最根本的原因是农业的发展。

江奎艺术博物馆藏春秋青铜饮酒礼器（匜）

前面已经用历史和考古的文物说明了绵竹这个地区在古蜀国始祖蚕丛

时期就是蜀酒中心，开明帝时期属古蜀国晚期，酿酒业和青铜制造业一定比始祖蚕丛时期更加繁荣发达。

江奎艺术博物馆藏春秋青铜盛酒器一对

三、秦惠文王、芈月与绵竹历史、绵竹酒

秦惠文王，嬴驷（公元前356年—公元前311年），**嬴姓**，赵氏，名驷（一说名"駰"），栎阳人。**战国时期秦国国君**（公元前338年—公元前311年在位），**秦孝公**之子。嬴驷十九岁即位，史称"秦惠文王"。以宗室多怨，族灭商鞅，不废其法。公元前325年，自称**秦王**，成为**秦国**第一位君王。 当政期间，文有**张仪**连横六国，武有**公孙衍**、樗里子、**司马错**，北伐义渠，西平巴蜀，东出函谷，南下**商於**，为秦统一中国

打下坚实基础。**王后是楚国公主芈姝。**

芈月（约公元前 344 年—公元前 265 年，主要成就：在秦国长期执政、杀义渠王、灭义渠国、囚死楚怀王。为秦国的宣太后，她是中国历史上第一位太后。

　　芈月是楚威王最宠爱的小公主，但在楚威王死后生活一落千丈，母亲向氏被楚威后逐出宫，芈月和弟弟芈戎躲过了一次次灾难和危机。芈月与

楚公子黄歇青梅竹马，真心相爱，但被作为嫡公主芈姝的陪嫁媵侍远嫁秦国。芈姝当上了秦国的王后，芈月不得已成为宠妃。原本的姐妹之情在芈月生下儿子嬴稷以后渐渐分裂。诸子争位，秦王嬴驷抱憾而亡，芈月和儿子被发配到遥远的燕国。不料，继位的秦武王嬴荡举鼎而亡，秦国大乱。芈月借义渠军力回到秦国，平定了秦国内乱。芈月儿子嬴稷登基为王，史称秦昭襄王。芈月当上了皇太后，史称宣太后。她执政秦国四十一年，坚持商鞅变法，坚持改革，主张国家统一。她让秦国走出内乱，将秦国从战国七雄变成唯一强秦，为秦始皇一统天下奠定了基础，她是秦始皇最尊敬的高祖母。**她去世四十四年后，秦始皇就统一了中国。**

　　电视剧《芈月传》是一部很多内容比较真实的历史影片（也有不少虚构）。其中有"四节"写到了芈月派人来蜀地武都山采岩蜂蜜，此片反映了绵竹远古时期的酒文化、道文化和历史文化的信息：

　　第一、《芈月传》反映了绵竹远古的酒文化信息：

　　《芈月传》写到芈月派人来蜀地武都山采岩蜂蜜，说明了绵竹在春秋战国时期可能就开始了用蜂蜜酿酒的历史。因为岩蜂蜜不仅是养生长寿的佳品，也是古代酿酒的佳品，蜂蜜酿酒既是养生之物，又是治病之药。

《芈月传》反映的酒文化信息与绵竹出土的酒文物的时代信息是基本一致的。

绵竹九香春酒企聘请酒文化和酿酒专家研发的"蜜柔香型系列"美酒就是挖掘绵竹古代蜜酒酿酒技艺的美酒典范。

绵竹出土的战国青铜盛酒器

第二、《芈月传》反映了绵竹远古的历史信息：

秦惠文王九年（公元前316年）蜀国与巴国互相攻打，两国都向秦国求救，秦王听了司马错的建议，想借机先灭掉蜀国，但是没有栈道大军不能攻进蜀国，秦相张仪向秦惠文王献计说：秦国有五头能拉黄金的神牛，想在经济上支持蜀国，但必须修建一条道路

才能把这五头体型庞大的神牛运回去，蜀王派人去看，神牛确实可以拉黄金（其实是半夜把黄金放在石牛屁股下），蜀王不知是计，就派五丁（蜀王玉妃的五个哥哥）修通了金牛道（从广元进川）。秦国就通过金牛道先灭了蜀国，后又灭了巴国，再后来沿长江东下灭掉了楚国。此后，绵竹就从蜀国的一部分，变为了秦郡管辖，汉代高祖六年建绵竹县。

五丁开山雕塑

芈月为什么要在蜀地武都山采岩蜂蜜呢？

笔者研究认为，原因如下：

其一、蜀地武都山自古就是仙山，属王母娘娘之女琼华夫人所治。

其二、蜀地武都山盛产岩蜂蜜，当时芈月与皇后芈姝姐妹情深，为了讨好皇后芈姝，因此派人来蜀地武都山采岩蜂蜜。

其三、可能是最主要的原因，芈月雄才大略、目光远大。芈月的夫君秦惠文王早就要想灭掉蜀国，武都是蜀王爱妃玉妃的出生地，可能是蜀王开明十二的行宫，也是军事要地，芈月派人到蜀王行宫和军事要地来为秦惠文王灭蜀探路。《芈月传》剧情也证实了笔者的分析，司马错和秦相张仪的灭蜀之计，最开始是张仪、司马错听取了芈月的灭蜀献计，张仪、司马错认为很好，才向秦惠文王献计的，最后被秦惠文王采纳灭掉了蜀国。

为什么说"武都"当时可能是蜀王的行宫和军事要地呢？笔者从史料和古人造字内涵规律来谈谈：

扬雄《蜀王本纪》载："武都有丈夫化为女子，颜色美好，盖山之精也。蜀王娶以为妻。不习水土，疾病欲归，蜀王留之。无几物故，蜀王发卒于

武都担土，于府城郭中葬之。盖地三亩，高七丈，号曰武担，以石作镜一枚表其墓，径一丈，高五尺。"

《华阳国志·卷三》和《绵竹县志》中都有"乃遣五丁之武都担土为妃作冢"的记载。

又载："武都人有善知，蜀王将其妻女适蜀。居蜀之后，不习水土，欲归。蜀王心爱其女，留之，乃作《伊鸣之声》六曲以舞之。"

国家重点文物保护单位五担山（地址：成都西南战区）

扬雄的《蜀王本纪》及《华阳国志·卷三》和《绵竹县志》的记载为人们研究提供了几个历史信息：

第一、根据扬雄《蜀王本纪》、《华阳国志·卷三》和《绵竹县志》记载：**"武都"的地名历史比"成都"地名更悠久。**

古籍记载的古蜀王就是玉妃的夫君开明十二世，就是被秦惠文王所灭的蜀国之王。后面有专述历史。说明了**"武都"在秦灭蜀之前就有记载。"成都"是秦灭蜀之后的地名**。古籍记载：秦国于公元前316年在蜀王旧都一带设置成都县（蜀郡）。《史记·五帝本纪》记载 **"一年而所居成聚，二年成邑，三年成都"**。这可见就是成都地名的由来，**"武都"的地名历史比"成都"更悠久。**

第二、根据扬雄《蜀王本纪》、《华阳国志·卷三》和《绵竹县志》记载：**蜀王妃玉妃，一定是出生在武都山，是倾国倾城之貌的仙女王妃**。说明了绵竹自古就是仙山灵水，才孕育出了仙女般的蜀王玉妃。

现在的中国名酒剑南春、绵春贡酒、剑西酒业、丰淳酒业等美酒都是以中国名泉——玉妃泉为水源。

第三、根据**甲骨文造字规律**："武"甲骨文：戈（兵器）+止（脚，表示前进），表示持戈而行。造字本义：肩扛兵器，出征作战。说明了武都在古代是军事要地 。

甲骨文、金文"武"字

第四、根据**甲骨文造字规律**："**都**"甲骨文：**者 + 邑**。

《说文·邑部》："都"，"有先王之旧宗庙曰都"。甲骨文"**者**"是用"**柴祭天**"，上面是表示用柴祭天，下面是表示祭台。**凡天子居住的地方都要有这样的祭坛。**

"邑"：大城市。"者"与"邑"合起来就是有祭坛的城邑，自然是帝都。 所以，"武都"很可能是先秦之前古蜀王之行宫，或者是先秦之前小国之都。

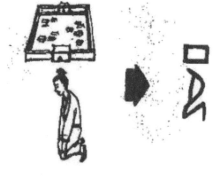

也许有人可能要问，你说根据《说文解字》凡有"**都**"的地名基本都与

先王之宗庙有

关，有先王之宗庙才能叫"都"。那么，郫都、成都、新都等他们都曾经是古都城吗？答曰：是的！"郫都"、"新都"都是古蜀之都。"丰都"叫都是鬼王的都城。也许有人还要问，全国有"**三个武都**"难道都是先王之宗庙吗？答曰：甘肃省**陇南市"武都"是**

南朝时期建立过**武都国**（有先王之宗庙的军事要地）；**江油"武都"**镇名字的由来：西晋永嘉年间（公元 307 年—公元 313 年），因为**甘肃武都国流民侨置郡县**于此，返回原籍后留名。（属于**对故都的怀念**）

　　第四、扬雄《蜀王本纪》、《华阳国志•卷三》和《绵竹县志》还为我们提供了绵竹名胜古迹武都山大门前**"五担池"**来历的远古历史信息。在现在成都西部战区有一个**"五担山"**即**蜀王玉妃墓**，是重点文物保护单位，就是**"蜀王发卒之武都担土，于府城郭中葬之"**。《绵竹县志》中还有蜀王**"乃遣五丁之武都担土为妃作冢"**的记载。**"五丁"**是玉妃的五个哥哥。也就是说成都的**"五担山"**蜀王玉妃墓，**是玉妃的五个哥哥"五丁"和"兵卒"在玉妃的出生地武都"五担池"**担土运到成都**"五担山"**，所以成都蜀王玉妃墓叫**"五担山"**，绵竹严仙观门口的古迹叫**"五担池"**。　成都**五担山是重点文物保护单位**。

五丁担土的绵竹"五担池"（严仙观大门前的大水池）

江奎艺术博物馆藏清代绵竹年画三星高照

第五、扬雄《蜀王本纪》记载"武都有丈夫化为女子，颜色美好，盖山之精也。蜀王娶以为妻"。为什么说玉妃是丈夫化为女子，颜色美好，盖山之精也？因为，古人崇尚神仙说，认为玉妃是仙女所化，武都是道文化的发源地之一。另外，历史上越是**离奇的美女，帝王越喜欢**。帝王既喜欢美女，又有很多帝王还有同性恋行为。所以，"**武都有丈夫化为女子，颜色美好，盖山之精也，蜀王娶以为妻**"。例如，与剑南烧春有关的唐德宗皇帝，最早也是有同性恋行为的，他刚当上皇帝就主张节俭。德宗皇帝曰："剑南岁贡春酒十斛，罢之。"说明了"剑南烧春"是唐代宫廷很喜欢的贡酒。不然，为什么他一上台就要求："剑南岁贡春酒十斛，罢之"呢？另外，这个与剑南春有关的德宗皇帝与绵竹年画三星高照中的"福星"也有关系。"福星"的名字叫阳城，他是德宗皇帝时期的湖南道州刺史，**是一个真实的历史人物**。德宗皇帝之前的皇帝，三宫六院玩得不想玩了，很多还有同性恋行为，**年年都要求在盛产侏儒的**

江奎艺术博物馆藏春秋时期青铜舟（饮酒礼器）

湖南道州进贡男性侏儒供皇帝戏玩。唐代诗人白居易还写了《道州民》的侏儒诗："道州民，多侏儒，长者不过三尺余。市作矮奴年进送，号为道州任土贡。任土贡，宁若斯？不闻使人生别离，老翁哭孙母哭儿！一自阳城来守郡，不进矮奴频诏问。"后来为什么阳城成为福星，后面有专辑介绍。

第六、根据扬雄《蜀王本纪》、《华阳国志·卷三》的记载，说明了绵竹在秦代称名"武都"，汉代才称名"绵竹"。

笔者认为在秦代之前绵竹为武都，汉代时期绵竹才称绵竹。其原因如下：

1、可能与武都在秦灭蜀战争中，受到了大破坏有关。

2、可能与金牛道有关。因秦灭蜀之战，新修了金牛道，有利于发展。

3、可能与绵远河有关。大河是经济大动脉，这也是汉代将绵竹城建在德阳黄许（距金牛道和绵远河不远的地方）的原因。

4、可能与大地震有关。

武都：南朝宋时为**武都郡治**，治所在今四川绵竹县西北**遵道镇**，南齐改为南武都县（武都老街）。

绵竹南武都县遗址——武都老街

四、古蜀王玉妃与绵竹历史、绵竹酒

蜀王开明十二世是古蜀国最后一个帝王，于公元前316年被秦国所灭。古蜀王玉妃，相传是**古蜀国开明十二世之王妃**。生于今四川绵竹，其母亲

蜀王玉妃雕像

生玉妃衰竭而死，父弃之于山林，遇母鹿侍养，浴饮古龙洞泉水不死，长成后，冰肌玉肤，美艳无比，蜀王开明十二世纳为王妃，赐名玉妃，玉妃泉由此得名。玉妃在很多史料都有记载，笔者认为应该是一个真实的历史古蜀王之妃。

扬雄《蜀王本纪》载："武都有丈夫化为女子，颜色美好，盖山之精也。蜀王娶以为妻。不习水土，疾病欲归，蜀王留之。无几无故，蜀王发卒至武都担土，于府城郭中葬之。盖地三亩，高七丈，号曰武担，以石作镜一枚表其墓，径一丈，高五尺。"《华阳国志•卷三》和《绵竹县志》中都有"乃遣五丁之武都担土为妃作冢"的记载。"又载："武都人有善知，蜀王辄将其妻女适蜀。居蜀之后，不习水土，欲归。蜀王心爱其女，

中国名泉玉妃泉

留之，乃作《伊鸣之声》六曲以舞之。"

　　根据史料记载，笔者认为**玉妃**是古蜀国最后一个国王**开明十二世**之爱**妃**。因为《华阳国志·卷三》和《绵竹县志》中都有"**乃遣五丁之武都担土为妃作冢**"，"**五丁**"是玉妃的五个哥哥。"**五丁开山**"修"**金牛道**"，

最后被秦国所灭，所以说玉妃是蜀王开明十二世，即古蜀国最后一位蜀王之王妃。《清嘉庆绵竹县志》又载："**鹿堂山治西北三十里，下有神泉、泉流奔溢，相传蜀王妃生鹿母乳之即此山**"。

一级保护水源绵竹玉妃泉

江奎艺术博物馆藏春秋青铜甗蒸食酒器

　　清代诗人赵彝写玉妃泉的诗："曲曲溪犹在，来人感慨生。一湾妃子水，万古女儿情。死唱龙归曲，生叨象服荣。武担留表墓，石镜至今明"。诗中"一湾妃子水，万古女儿情"，描写了数千年来人们对古蜀开明王十二世的玉妃及玉妃泉的铭记和感恩。绵竹鹿堂山下的玉妃泉从古至今汩汩流淌。

　　玉妃泉是中国名酒剑南春、四川名牌绵春贡酒、四川名牌剑西系列美酒的主要水源，是全国少有的国家级名泉名酒和天然矿泉水相结合的神奇矿泉。

玉妃泉流传万古的神奇故事：

相传，古蜀王开明十二世时期今绵竹鹿堂山一位农妇产下一个女婴后就衰竭而死，由于已经有了五个儿子，其夫没有能力再养这个刚生下的孩

子，无奈之下，他将女婴轻轻放在溪边，希望有人发现并领养。女婴的哭声被溪边一只饮水的母鹿听见了，便去以鹿乳哺养，且带回山林百般呵护……十几年后，那位弃婴的山民在山中砍柴时，偶然发现了一个宛若仙女的姑娘和鹿群在林中嬉戏，他仔细一看，心颤抖起来，女孩肩上有一个红色胎记和他十几年前所弃女婴的胎记位置完全一致。这鹿堂山被鹿乳哺养成美艳仙女的消息传遍天下，古蜀王开明十二世知道后，就纳为王妃，且赐名为"**玉妃**"。

江奎艺术博物馆藏战汉青铜钫壶（盛酒器）

蜀王并将玉妃小时候的浴饮之泉，赐名为"**玉妃泉**"。**笔者认为，关于玉妃和玉妃泉的故事，真实历史与民间传说兼而有之。**玉妃确实是绵竹真实的历史人物——蜀王之妃。她进宫以后虽受开明王恩宠，但是因她在

山间野林的生活过习惯了，不喜欢宫廷生活，加上思念家乡和亲人，不到半年就郁郁而死。蜀王无比悲痛，就将玉妃葬在蜀王宫的后园（今西南战区北校场院内的五担山）。至今古墓尚存，是重点文物保护单位。

成都玉妃《伊鸣之声》六曲以舞之雕塑

根据扬雄《蜀王本纪》又载："武都人有善知，蜀王者将其妻女适蜀。居蜀之后，不习水土，欲归。蜀王心爱其女，留之，乃作《伊鸣之声》六曲以舞之。成都市还制作了一尊玉妃《伊鸣之声》六曲以舞之雕塑。玉妃世逝后，蜀王命玉妃的五个哥哥，"五丁"和兵卒每人在绵竹武都山各取一担土。于土垒成玉妃墓，以慰玉妃生前的思乡之情。因此，玉妃墓又叫**"五担山"**，五丁在绵竹取土处叫**"五担池"**。成都的**"五丁路"**、**"五担山"**都与玉妃和她的五个哥哥"五丁"的优美传说有关。**"五担池"（至今尚存）**，相传玉妃为了报效家乡，她将凤冠上镶有的数百颗宝珠撒在家乡绵竹，于是数百颗宝珠就化作数百个清泉，之所以绵竹产美酒，就是因为绵竹有数百口天然清泉。"玉妃泉"是绵竹盛产美酒的最著名的名泉之一。中国名酒剑南春、绵春贡酒、剑西、碧壇春 、绵泉、溢香等美酒都是千古灵泉所酿的天然美酒。

绵竹位于青藏高原与四川盆地的交汇处，发源于龙门山脉的泉水，遍布于绵竹达2000余处。"有好酒必有好水"，流经四川的沱江就发端于绵竹，所以，才有了战国名泉玉妃泉、东汉灵泉圣母泉、西汉古井通天井、菖蒲井、雄黄井、月波井、三国古井诸葛井、隋代神泉三箭水等。水乃酒之血。古代酿酒业的昌盛与否，与得天独厚的水性分不开。绵竹"绵春贡酒""丰

淳""碧壇春""剑西""绵泉"等美酒都是深挖绵竹的古泉古井文化，用千年灵泉古井酿成的玉液琼浆，远销全国，深受众多饮者青睐。

因绵竹玉妃和玉妃泉有着古老神奇的故事，东汉顺帝年间，道教天师张道陵在四

川创立"五斗米道"时，建立了"二十四治"的第二治就是"鹿堂山治"。
"鹿堂山治"是道教最主要的三治之一。

20世纪80年代国家地质部、省地质局、华西医大等单位组成专家组，用了三年时间对玉妃泉所处地理、地质、环境、泉水流量、矿物质含量等作了全面的勘察、监测与评估，最终得出科学结论：**玉妃泉为"富锶低钠"型优质矿泉水水源。属营养矿泉水，富含多种稀有元素及矿物质，且含量适度，易于人体吸收，更有益于身体健康。**据调查，泉区长寿者颇多，皆因此泉润泽。随之，国家地质矿产部经严格审查，将玉妃泉列为"**中国名泉**"。玉妃泉是全国少有的名泉和佳酿、矿泉水相结合的千古灵泉。中国名酒剑南春、四川名牌绵春贡酒、剑西、丰淳都是用此泉酿成的人间仙露。在绵竹千古灵泉、神泉、古井很多，故历来盛产美酒。"**绵泉牌美酒**"不仅远销国内外，而且成为了国内很多大学、大企业的专门定制美酒。

五、严君平之父严子晞与绵竹酒

严子晞原籍邛崃人，乃严君平之父。《汉书》记载："西汉惠帝二年临邛道士**韩稚**（为秦始皇在绵竹秦中山采长生不老药韩终之子）善黄白术，

游于蜀中，一日对其临邛弟子严子晞曰：西蜀绵竹大山乃修道成仙之地，汝可去绵竹武都山卜宅修道，他日你家将有大德之士降生。"严子晞遵师言，举家卜宅于绵竹武都山阴，兴建山庄，开工之日掘出石碑一块，刊有"**上清**"二字，遂名为"**上清宫**"，"**宫成而君平生**"。庄成于汉武帝后元元年（公元前88年），君平降生。**严子晞在此既修道又酿酒。**

江奎艺术博物馆藏汉代煮食
煮酒青铜巨型大锅（一）号

《汉书·叙传上》有载："晞以罂贮酒，暴于日中，经一旬，其酒不动，饮之香美而醉。"

韩终之子韩稚叫其弟子严子晞来武都山，开启了绵竹有历史记载的道酒文化之先河。因此，西汉时期严君平之父严子晞是《汉书》记载的在绵竹武都山卜宅、修道、酿酒的第一人。

六、西汉著名道家学者严君平与绵竹酒

严君平又称庄君平（公元前 86 年—公元 10 年），西汉著名道家学者，思想家。《清代嘉庆绵竹县志》载："严遵字君平，临邛人。武帝时筑宅于绵竹县之武都山。去郡二百里，往来成都广汉间，卖卜早出晚归，有问者则依筮言利害，与人子言依于孝；与人弟言依于顺；与人臣言依于忠。日得百钱即闭而注老子，著书十余万言。扬雄少从学，已而仕京……"严君平原本**姓庄**，本名庄遵，字子陵，后来汉书忌讳汉明帝**刘庄之名**，才将其改名

为严遵，他培养出了得意弟子**扬雄**，依老子哲学思想，严君平著书十余万言，写出了一生最重要的几部黄老著作—— 著有《老子注》二卷、《老子指归》

汉代君平庄（严仙观）

十四卷（注与指归本为一书，被后人拆分）和《易经骨髓》，使李耳（老子）的道家学说更加系统条理化，得以发扬光大。《老子指归》的道论与哲学思想为扬雄、王弼、成玄英等人所继承，成为**魏晋玄学**所提出的"贵无"、"自然为本"的本体论与重玄学的萌芽。

严君平酿酒的通仙井

1、严君平从小就随父亲严子晞在绵竹武都山学道、读易，酿酒。及长并卖卜于成都、广汉等地。日得百钱即闭肆下廉而注老子，著书十余万言。

2、严君平在绵竹酿酒的传说和遗迹很多。严君平深研易学，终生不仕。不仅教扬雄等弟子学道，而且教弟子们用蜂蜜或白曲、白粮酿蜜酒；黄曲、黄粮酿白酒。

严君平曾在庄中先后掘了三口水井（硫磺井、菖蒲井、通仙井）汲地下泉水教弟子酿酒。

相传有一天，严君平去绵竹西北大山采药炼丹，偶遇一道人自称韩君。道人问君平曰："汝不在武都山学道读易，来此为何耶！"君平曰："来此采药炼丹求长生耳！"道人曰："人可长寿，弗能长生。"君平问道人曰："何能长寿？"

严君平酿酒的月波井

韩道人曰："**掘佳泉酿美酒，可抗病延年，故能使人长寿**。"君平追问道人曰："佳泉存何处乎？"道人曰："天上七星绕白斗，城东一里七颗星，觅得七星所在地，七星攀月佳泉生。"说完道人拂袖而去。君平回庄后，不久带弟子去绵竹城东一里寻得七个泉凼，把七个泉凼连成形一看，恰似天上北斗七星（即大熊星座）。君平学易知天文，从北斗七星的第六颗星和第七颗星的直线距离再从第七星直线向外三倍于前二星的距离终点就是北极星所在处，**也就是君平所觅的佳泉所在处，即今"月波井"**。

君平带弟子卜宅城东一里，命弟子掘井取水，取得佳泉水，酿造蜜酒和白酒。井水在月光照射下，月影下映井水中，水波荡漾掩映，故称此井为"月波井"。严君平所遇的韩君道人，也许就是秦始皇派在绵竹秦中山采仙药的韩终之子韩稚。

四川绵竹严君平酒业和龙脉酒业就是深入挖掘、研究严君平酒文化及酿造技艺的典范。开发生产出的"通仙井""扬雄""紫岩仙坛""子晰仙坛""严君平原酒城"深受饮者欢迎，产品远销全国。

严仙观一人得道鸡犬飞升古壁画

3、严君平在绵竹、成都留下的文化古迹和传说。

（1）严君平拔宅飞升。

相传，西汉著名道学家严君平在绵竹武都山修道炼丹，每天从武都山的通仙井到成都君平街占卜算命和行医救人，日卜百人而归，一日忽觉身轻如鸿，双脚离地，连房子也一齐升入天堂，宅基立刻深陷成池，现在严仙观还有一副古联："百钱卖卜成都市，九轻成舟拔宅池"，至今**"通仙井"**和**"君平池"**尚存。拔宅飞升后，宅里的鸡犬也一齐上了天，这就是"一人得道，鸡犬升天"成语的来历。可惜的是严仙观的明代壁画"一人得道鸡犬升天"在文化大革命被毁掉。

（2）严君平在绵竹武都山留下了两个歇后语：

"武都山的耗子——没有尾巴"，或者"武都山的耗子拖长鼠"（《中国歇后语大编》可查）。

相传严君平在武都山每天从武都山通天井去成都君平街卖卜，在成都严君亭算命，"日卜百人而归"。有一天，一群老鼠紧跟着他，严君平就用拂尘刷去，有一些老鼠的肠子漏了出来，有一些老鼠的尾巴刷断了，所以，**严君平在绵竹就留下了两个歇后语："武都山的耗子——没有尾巴"，或者"武都山的耗子——拖肠鼠"。**

又传说严君平在绵竹武都山拔宅飞升后，宅里老鼠也一齐上了天，在南天门前，严君平怒斥道：**"你好吃懒做，匪盗之徒，传疫祸根，还妄想升天，"**便用拂尘将老鼠打下天庭，老鼠肠子被打了出来，这就是歇后语**"武都山的耗子——拖肠鼠"**的来历。更为神奇的是，有人至今在严仙观有时还看见拖肠鼠和没有尾巴的耗子。

（3）严君平与成都支矶石传说：

传说在西汉时期，有人在河之尽头见到一男一女，这对男女叫这人带回一块石头问在君平街卖卜的严君平。一问严君平，方知那河是天河，那男女是牛郎织女。这块石头，就是织女织布的"支矶石"这就是成都"支矶石"的来历。

成都支矶石

现在这块石头被移到成都青羊宫的文化公园，竖刻"支矶石"三字仍很清晰。

经过考古学家研究，它不是天上织女垫织机的天石，也不是天上坠落的陨石，而是西蜀原始部族或奴隶时代，人们为纪念祖先或祭祀需要的特定场合竖立的大石头。

现在成都人的茶馆文化，和闲适、恬淡、自由散漫的生活方式，应该就是受到严君平思想体系和道家文化遗产的影响。

七、西汉大辞赋家、思想家扬雄与绵竹酒

扬雄（前53-后18）字子云，西汉蜀郡成都（今四川成都郫县）人。汉朝时期辞赋家、思想家，名士严君平弟子。

古籍记载，西汉末大学问家扬雄"少贫好道"，曾师事严君平"称其德"，受严君平的影响很深。**扬雄年轻时与严君平在绵竹武都山学道酿酒，30岁时，乡人杨庄为皇帝解闷，凭扬雄一篇《绵竹颂》打动了汉成帝，由普通平民一夜变为朝廷高官、拜为黄门侍郎。**最终成为西汉末期最著名的哲学家、思想家、文学家、历史学家、语言文学家。

他与严君平学道酿酒，与酒结下了不解之缘。使之成为了历史上嗜酒、酿酒、赋酒、"载酒问字"的千古名人。

扬雄"载酒问字"的典故

《汉书·扬雄传》记载：扬雄"家素贫，嗜酒，人希至其门，时有好事者载酒肴从游学"。意思为：扬雄家贫嗜酒，当时有好学者载着酒跟他游学，后遂用此典比喻慕名登门请教的人。

扬雄曾在王莽执政时当过官，据说不久就因病辞职了。

也许他不是真的有什么病，而是知道王莽的江山不久，所以就辞去了官位。他本来就为人清高，不是什么贪官污吏，所以不做官之后家里没钱，非常贫困。可是他有个毛病，就是爱喝酒，天天离不了酒，老是处于半醒半醉的状态。由于家里非常贫困，不能天天喝酒。有人知道这事后，索性用车载着酒来向他求教，作为求教的礼物，这就是"载酒"的由来。又因为当时古文语句深奥难懂，扬雄是大学者，只有向他请教，这就是"问字"。于是"载酒、问字"这两样事，就这么合到一起，成了"载酒问字"的成语典故。

扬雄在其著作《方言》一书中还记载了七种西汉酿酒用曲的方法。笔者研究认为，这些方法大多是在绵竹武都山跟严君平学习酿酒技艺后总结的，对研究西汉中国的酿酒技艺和古代酒化有极高的价值。由此可见，绵竹酒文化对中国酒文化的贡献和影响有多大！

江奎艺术博物馆藏汉代陶酒罐

扬雄在其《酒箴》一文中，将酒与时政融合起来，成为劝诫汉成帝不要亲近那些圆滑的小人而疏远淡泊名利的贤人的千古名作。

《酒箴》西汉 扬雄

子犹瓶矣。观瓶之居，居井之眉。处高临深，动而近危。酒醪不入口，臧水满怀。不得左右，牵于纆徽。一旦更礙，为瓽所轠。身提黄泉，骨肉为泥。自用如此，不如鸱夷。鸱夷滑稽，腹大如壶。尽日盛酒，人复借酤。常为国器，托于属车。出入两宫，经营公家。由是言之，酒何过乎？

江奎艺术博物馆藏汉代红陶羊耳大酒罐（盛酒器）

八、光武帝刘秀与绵竹酒

刘秀（公元前 5 年 1 月 15 日—公元 57 年 3 月 29 日），字文叔，籍贯南阳郡蔡阳县（今湖北省枣阳市西南）。东汉开国皇帝，杰出的政治家、

军事家。汉高祖刘邦九世孙，汉景帝之子长沙定王刘发后裔。西汉建平元年（公元前 5 年），刘秀出生于陈留郡济阳（今河南省开封市兰考县东北）。早年与兄刘演等率宾客起兵加入绿林起义军。刘玄称帝后，被拜为太常偏将军。更始元年（公元23 年）与王凤所率起义军配合，取得昆阳之战的胜利，

歼灭王莽军主力。刘演遇害后，刘秀隐忍伪装，取得更始帝刘玄的信任。旋被派往河北，镇压并收编铜马等起义军，势力大增，被封为萧王后，即拒绝更始召命。更始三年（公元25年），刘秀公开与更始帝决裂，即位于河北鄗县南千秋亭，建立东汉，定都于洛阳。后镇压赤眉起义军，削平各地据势力，统一全国。东汉光武帝刘秀在绵竹的古迹和传说很多，不完全统计都有十处以上。笔者研究认为，其原因也与绵竹悠久灿烂的道教文化有关。

传说昆阳之战后，刘秀被刘玄（绿林军更始帝）封为破虏将军武信侯，行大司马事。统率各州县兵马。

刘秀故事古迹——绵竹吉祥寺

因兵马分散，被假冒汉成帝之子的王昌打败。王莽和王昌都对刘秀千里追杀，清平"画境揽山"旅游区，传说此地就是**汉光武帝刘秀被王莽和王昌千里追杀被难地**。刘秀逃到汉旺得到茂汶和清平土司的大力支持，招兵买马筹粮。刘秀势力壮大后，先平定了蜀中公孙述之乱，

汉光武帝刘秀被王莽和王昌千里追杀被难地——"画境揽山"

消灭了王昌，削平了各地势力。公元 25 年，刘秀终于击败王莽，在洛阳建立起东汉王朝，他登基后，求贤若渴，到处寻找他的好同学严子陵（严遵）出山辅佐。历史记载，光武帝刘秀少年时有一个很好的同学叫严子陵名遵。与在绵竹五都山修仙、问道、酿酒的严君平（名遵）同名同姓。他原来姓庄，后因避明帝讳改姓严。名遵，字子陵。今余姚市低塘街道黄清堰村（原下河严家）人。年轻时就很有名望，后来游学长安时，结识了刘秀和侯霸等人。公元 8 年，王莽称帝，法令苛细，徭役繁重，吏治腐败，民怨沸腾。王莽为笼络人心，曾广招天下才士。侯霸趁机出来做官了，刘秀却参加了绿林起义军，决心推翻王莽政权。严子陵当时也多次接到王莽的邀聘，但他均不为所动，做了隐士。刘秀听说严遵在绵竹严仙观，就同大将等九人来绵竹访故友，请严遵出山为官。刘秀到绵竹严仙观才了解，他的好同学严遵与绵竹武都山严遵原来是两人，结果弄错了，而且武都山严遵（君平庄）早已仙逝。心情既遗憾又高兴。遗憾的是没有找到他的好

绵竹神武汉王雕塑

同学、好朋友严遵出山辅佐，高兴的是见到了救助他的土司并醉饮了绵竹严君平道酒。

刘秀就重回清平土司相救兴兵地，清平土司用严君平道酒敬邀光武帝痛饮。光武帝醉饮后对严君平道酒赞不绝口！

光武帝刘秀在离开绵竹清平土司时在石壁上留下了一首诗。诗曰："千里访故交，无友酒相邀。返回洛阳城，云台论功劳。王莽曾作乱，汉基震动摇。南阳起兵晚，天下归我朝。"

后来，光武帝晏驾后，汉明帝刘庄在绵江埝口修了汉王庙。这就是汉王城地名的来历。

江绪奎为刘秀与绵竹"东汉灵泉圣母泉"书法"**第一灵泉**"，被发行为美国邮票。

中美杰出华人书画艺术家江绪奎作品
Chinese American outstanding Chinese painting and calligraphy
artist Jiang Xukui works

九、道教天师张道陵与绵竹历史、绵竹酒

张道陵字辅汉（34—156），一名张陵。西汉开国大功臣张良的第八世孙，东汉沛国丰县（今江苏丰县）人，张道陵七岁便读通《道德经》，天文地理、河洛谶纬之书无不通晓，为太学书生时，博通《五经》，后来叹息道："这些书都无法解决生死的问题啊！"于是他弃儒改学长生。

道教创始人张天师像

张陵道二十五岁曾官拜江州令（在现在四川与重庆之间，相当今天一个大县城的一把手），永元（公元89年）初年，汉和帝赐为太傅，封侯，三次下诏，张道陵都婉拒了，他对使者说："人生在世，不过百岁，光阴荏苒，转瞬便逝。父母隆恩，妻妾厚爱，也随时而消失。他决心云游名山大川、访道求仙去了。

张道陵先是南游淮河，居桐柏太平山，后与弟子王长、赵升一起，渡江南下，在江西贵溪县云锦山住了下来。此地山清水秀，景色清幽，传说为古仙人栖息之所，张道陵就在山上结庐而居，并筑坛炼丹，三年而神丹成；龙虎出现，故此山又称龙虎山。**张道陵六十岁后移居四川大邑修道**。著道书二十四篇，自称"太清玄元"，谓逢"天人"，授以正一明威之道，创立道派。受道者出五斗米，故称**"五斗米道"**。自号"天师"（一说系道徒对他的尊称），亦称**"天师道"**。以符水咒法为人治病，教人思过，从者户至数万。**建二十四治，立祭酒分领其户**。"陵死，子衡行其道；衡死，**鲁复行之**"。后裔继承道法，世居龙虎山。**绵竹一地他就建了有四个治。"治"是（政教合一的宗教组织），治首称为"祭酒"**。

99

"祭酒"原为飨宴时酹酒祭神的长者，远古神祀宗教把酒作为祭奠神祇的重要供品，专门设置掌管宗教活动敬酒事项的官职，称为"酒人"。天师张道陵不仅在绵竹亲自建了四个治，第二治"鹿堂山治"、第六治"庚除治"、第七治"秦中治"、中八治之一"涌泉山治"。

江奎艺术博物馆藏汉代青铜煮饭、煮酒器（二号）

而且他还在**绵竹建了两个"靖庐"**。道教共有"三十六靖庐"，绵竹一地就有两庐。"第一靖庐就是"绵竹庐"。和"第十六靖庐——君平庐"（"靖庐"为道教徒修炼的地方，为有名道徒修炼成仙之处。）他还将绵竹命名为道教"七十二福地"之"第六十四福地"。还有书籍记载张道陵还把绵竹命名为全国"十大洞天"的"第三洞天"，地点在绵竹庚除山（西城山洞）。

　　绵竹这些中国早期道教宗教场都需要美酒祭祀神祇。

　　据《二十四治》史书记载："张道陵在治所教区倡导平抑物价，讲究诚信，兴办实业，兴修水利，发展水陆交通，发展农业，实际上行使

第一靖庐 "绵竹庐"（绵竹沿山）

着政权的作用。"这些措施也说明了当时的绵竹地区酿酒业一定是非常发达的，而且一定酿出了神仙都喜欢喝的美酒。

另外，张道陵从洛阳北邙山、江西龙虎山来到四川传道的原因之一，就是因为四川是天府之国，山水灵秀、人民殷实、民风淳朴、易于教化，绵竹在天府之国中一直都属翘楚地位，自古绵竹是农耕文化高度发达，蜀中最富庶的地区之一。所以，当时绵竹酿酒业一定很发达，而且酒的质量也一定非常好。因为，张道陵在绵竹建了四个治和两个静庐，管理治所的官员就叫祭酒，要用很多美酒祭祀神灵。

这里酿造道酒的历史十分悠久，西汉就有**严君平教弟子扬雄问道酿酒**；唐代**诗仙李白**来这里问道醉酒，留下来"**解貂赎酒**"的佳话；宋代以绵竹著名道士**杨世昌教苏东坡酿蜜酒**、**游赤壁闻名于天下**，他酿的道酒在宋、元、明时期都称为天下名酒。

十、东汉益州牧刘焉与绵竹历史、绵竹酒

刘焉（？－194年），字君郎，东汉末年皇室宗亲、军阀，任太常等官，东汉末年益州牧、汉末群雄之一。

中平五年（公元188年），刘焉目睹天下大乱，向朝廷建议说："刺史、太守行贿卖官，盘剥百姓，招致众叛亲离。应该挑选那些清廉的朝中要员去担任地方州郡长官，借以镇守安定天下。**史称"废史立牧"。朝廷采纳了这一建议。**

他本人自请充任交州牧（现在广东、广西、越南北部和中部），当时一个绵竹在朝廷任侍中的图谶学家**董扶**对他说，**益州有天子气**，他就以益州刺史郄俭在益州大肆聚敛，贪婪成风，导致天下大乱，在**绵竹当时发生了马相、赵抵黄巾军起义为由**，于是**向朝廷请求为益州牧**（即益州的最高长官）当时益州管辖很宽，包括今四川、

101

云南、贵州大部、及重庆、陕西、甘肃、湖北的一小部分。封阳城侯，前往益州整饬吏治，收拾当时在绵竹发生的**马相、赵抵**黄巾军起义的残局。

董扶（绵竹人）是东汉末期著名的经学家、谶纬家。他与任安齐名，都是蜀汉学术奠基人。

江奎艺术博物馆藏汉代青铜煮饭、煮酒器（三号）

其实，刘焉欲取得一安身立命之所，割据一方。**当时绵竹有两支道教信仰队伍，一支是反政府**的队伍，他们是张角利用道教信仰搞黄巾起义的反政府力量。在绵竹以**马相、赵抵为首领**；另一支是信仰**张道陵"五斗米道"，不与政府作对**。刘焉来益州不久，第二代天师张道陵之子张衡就死了，张衡之妻大美人**卢氏**也精通道教，这支队伍就由卢氏和她的儿子**张鲁**带领。刘焉进入益州前，郄俭已被绵竹马相、赵抵黄巾起义军所杀。刘焉进入益州后，就利用不反政府的张道陵"五斗米道"的道教力量，收拾当

时在绵竹发生的反政府的道教队伍——马相、赵抵黄巾军起义的残局。因张道陵在绵竹建立的道教治所最多，绵竹又是洞天福地、物阜民丰的好地方；还因为马相、赵抵在绵竹起义的黄巾军残余尚需要进一步消灭；又看到"五斗米道"首领张鲁的母亲**卢氏长相艳美**，加上她懂得神鬼邪说，**与刘焉往来十分密切**。经常夜晚出入于刘焉住所。刘焉看到天下已经大乱，想建立独立王国，来实现他的天子梦想。就把**绵竹作为益州州治，**

江奎艺术博物馆藏汉代青铜
煮饭、煮酒器（四号）

时间长达五年之久。刘焉派张鲁盘踞汉中，暗使张鲁截断交通，斩杀汉使，从此益州与中央道路不通。

刘焉在绵竹利用张道陵"五斗米道"，对内打击益州地方豪强，巩固自身势力，使益州处于半独立的状态，同时古籍记载：**"刘焉极力实行宽容恩惠的政策，安定社会，兴办实业，兴修水利，发展水陆交通，发展农业。"**他利用"五斗米道"的宗教力量收买人心。

《汉末群雄之益州牧刘焉》和《绵竹县志》记载："后因为城门失火，刘焉的城府被焚烧，所造车乘也被烧得一干二净，四周民房亦受其害，刘焉不得已迁州治到成都。"当时，刘焉在朝中为官的长子刘范与次子刘诞和征西将军马腾策划进攻长安，与刘焉里应外合，但密谋败露，导致刘范、刘诞被杀。

刘焉因城府焚烧、两个儿子死去，担忧刘表上言灾祸，怄气生病，兴平元年（公元194年），刘焉因背疮迸发而逝世，其小儿子刘璋被人从京城救出，继领益州牧。

刘璋继位后就与张鲁发生了战争。法正、张松建议请刘备帮忙，刘备用计逼迫刘璋投降，开启了三国时代。绵竹可以说是三国的开篇，没有绵竹这段历史就没有三国，就没有刘

江奎艺术博物馆藏汉代黑陶大酒瓮

备在益州称帝。诸葛瞻战死绵竹关标志着蜀国的灭亡。

《华阳国志》载："绵竹县刘焉初所治，绵（绵竹）与雒（广汉）各

出稻稼，亩收三十斛，有至五十斛。"其产量堪称全川之冠。又载："蜀川人称郫繁曰膏腴，绵竹为浸沃也。"

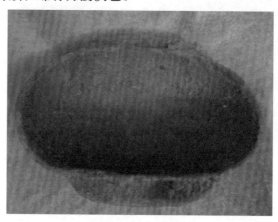

江奎艺术博物馆藏汉代红陶大耳杯（饮酒器）

另外，刘焉利用"五斗米道"来治理益州，同时他极力实行宽容恩惠的政策安定社会，兴办实业，兴修水利，发展水陆交通，发展农业。所以，可以肯定地说，绵竹作为益州的州治所在地，一定是政治、经济、文化和酒业和酒文化的中心。

十一、汉昭烈帝刘备与绵竹历史、绵竹酒

汉昭烈帝刘备

汉昭烈帝刘备（161年－223年6月10日）字玄德，涿郡涿县（今河北省涿州市）人，西汉中山靖王刘胜之后，蜀汉开国皇帝、政治家。史家多称其为先主。刘备少年时拜卢植为师，而后参与镇压黄巾起义、讨伐董卓等活动。因为自身实力有限，刘备在诸侯混战过程中屡屡遭受失败，所以先后依附公孙瓒、陶谦、曹操、袁绍、刘表等多个诸侯。

但因其始终坚持以德服人的行为准则，受

到了海内外名士的尊敬，至有陶谦、刘表等放弃让自己的儿子继承基业，而是选择将自己的领地徐州、荆州让给刘备统领。通过坚持不懈的努力，刘备于赤壁之战后，先后拿下荆州、益州，建立了蜀汉政权。而后因为关羽被东吴所害，刘备不听群臣劝阻，执意发动对吴国的战争，结果兵败夷陵，最终于章武三年（公元223年）病逝于白帝城，终年六十三岁，谥号昭烈皇帝，《晋书·王弥传》称之为烈祖，葬惠陵。

成都平原在李冰治水以后，成为天府之国，物阜民丰，酒业发达，绵竹更是如此。

《三国志》卷三十八记载：在刘备称帝后，有一年发生大旱，造成了粮食匮乏的局面。为了保证粮食供应和战争的需要，**刘备制定了民间禁止酿酒的法律。酿酒属于犯罪行为，哪怕家里有酿酒的工具，也同样要受到法律的惩罚**。这种法律蜀地人民认为很不近人情，目前粮食匮乏，但不等于日后粮食匮乏；目前不准酿酒，但不等于今后不能酿酒，因此保留酿制工具是很合理合情的行为。

刘备有个**大谋士叫简雍**，他与刘备是从小的好朋友，刘备将刘璋包围在成都，简雍因游说刘璋投降并与简雍同车出城投降于刘备立下大功。刘备定鼎益州后，论功行赏，拜简雍为昭德将军。

简雍认为刑法太严，就想找一个机会巧妙地劝皇帝改变这种过分的法律。有一天君臣二人骑马走在街上，**简雍看见两个青年男女走在一起，就请求陛下把他们抓起来治罪**！刘备说："他们又没有干什么，为什么要治他们的罪呢？"简雍说："因为**他们有奸淫的工具**。"刘备就知道了**简雍是说他的"禁酒法"**有问题，于是刘备就取消了家有酿酒工具就治罪的不合理法律。

《三国志》的记载：**这段历史告诉了我们蜀国的两个酒文化信息：**
一是，三国时期的绵竹民间酒业发达，很多老百姓家里都可以酿酒。
二是，为了战争需要，蜀汉国曾一段时期禁止酿酒，绵竹也应当如此。

十二、诸葛瞻父子与绵竹酒

诸葛瞻（227年—263年），字思远，琅琊郡阳都县（今山东沂南）人。丞相诸葛亮之子，三国时期蜀汉大臣。迎娶公主，拜骑都尉，袭爵武乡侯。

景耀四年，与辅国大将军董厥并为平尚书事，统领中央事务。后主宠信黄皓，无所匡正。魏将邓艾伐蜀，率领长子诸葛尚、将军张遵、李球、黄崇防御绵竹，与邓艾决战，兵败被杀，绵竹失守。后主刘禅出降，蜀国灭亡。

清代民国时期，绵竹酒业十分发达，但大多集中在城西。其原因与绵竹西门诸葛井有关。据《绵竹县志》记载："诸葛井相传是三国末年，魏兵入蜀，诸葛瞻、诸葛尚父子战死于绵竹，后人敬其忠勇，遂将良泉名之为'诸葛井'。"

《绵竹县志》还载："用城西外区井水蒸烤成酒，香而冽，若别处则否。"

现在的碧坛春酒业承载着诸葛瞻父子魄壮绵竹关行军前筑坛而谋的千古传奇。相传，三国魏将邓艾大军伐蜀，诸葛瞻在现在绵竹碧坛春酒业地址筑坛（坛）而谋，集全体将士以坛发誓，用碧血丹心为国尽忠，学习其父诸葛亮鞠躬尽瘁，死而后已。因为当时连年战争蜀汉粮食严重缺乏，禁止酿酒，为

了战争鼓舞斗志，就将一坛酒倒在此地碧潭里，此潭为古蜀灵泉玉妃泉，隋代神泉三箭水和后来命名为诸葛井的三个水源汇流处，水质特别好，现在也是中国名酒剑南春的重要水源之一，故名碧坛（壇）春。

流传千古的绵竹诸葛井与酒之传说：

传说诸葛瞻父子战死绵竹关后，绵竹老百姓，为感诸葛父子一门忠烈，就从绵竹关把其遗体运回现在诸葛双忠祠，大家商量捐资厚葬，父老乡亲们忙活了大半夜才将诸葛父子的坟墓建好，他们收起工具并含泪陆续离去，当大家回到家里时，鸡都开始打鸣了。第二天去上香，一看，大家都大吃一惊，取土的坑里装满了清澈见底的泉水，大家感到很奇怪，昨天挖土，一点水也没有，怎么半夜之间，水就满了，伸手舀一捧喝，甜甜的，润润的，真是好水！

有人说这么好的水，把它箍眼井，岂不是一举两得吗？大家都认为是好主意，说干就干，没几天功夫，井就箍好了。大家认为一定是诸葛父子在显灵，福佑绵竹人民，就取名**"诸葛井"**。

又传说，当时绵竹城西，**有一孝子名叫白正顺**，他母亲有酒瘾，一天不喝酒，就要周身发痛，喝酒后就不痛了且精神饱满，还可以帮儿子干点农活，因此白正顺就天天到城里打酒。白正顺家境贫寒，庄稼又差，长年累月支撑不住了，但母亲的酒还离不得，他只得从每天半斤减到二两，最后没办法只能去赊账，天天去赊，几个月也没钱付账。在着急之中，看到一个姓曾的大爷来担水，他说这诸葛井的水好，我们吃了半年，一家人从不得病，一句话提醒了白正顺，他去打了一罐诸葛井的

诸葛瞻魂壮绵竹关

商业劝工会头等奖牌
the First Prize of the Commercial Union

该奖牌为银质，系清宣统三年绵竹老号大曲酒作坊主杨恒顺参加绵竹第一届商业劝工会酒类评比时所获的头等奖牌，由其后人于1989年4月14日捐赠给剑南春酒厂。

头条号 / 剑南之春

绵竹大曲荣获商业劝工会头等奖

水，拿回去当酒哄老娘吃，老娘喝了这水，平平安安，只是说这罐酒比往回买的差一点，口味淡一点，但这酒味醇净爽，从此白正顺天天傍晚就去诸葛井打一罐水拿回家，老娘吃了很高兴。酒铺老板，见白正顺很长时间不来打酒感到奇怪，于是叫人打听，方知原来如此。酒铺老板就开始用诸葛井的水来酿酒，果然这酒吃起来比以往的酒更醇正，香味更浓郁。

后来绵竹酿酒作坊都在西门外诸葛井一线挖井酿酒，以民国二十五（公元1936）年为例，全城大曲作坊25家，这里就占14家，另外还有13家烧酒作坊。最著名的朱、杨、白、赵，四家大曲作坊也在这里，用的都是诸葛井这一线水脉。这里酿出的酒就是名扬全国的"绵竹大曲"，至今，"天益老号"还在继续酿酒，为生产名酒绵竹大曲和剑南春做出了巨大的贡献。

现在的剑南春集团、碧坛春酒业、剑西酒业、凤凰酒业都属于清代绵竹县志记载的"城西外区井水蒸烤成酒，香而冽"之范围。

劝业会老照片

十三、西晋流民起义领袖李特、益州刺史罗尚与绵竹酒

　　李特（约 250 年 —303 年），字玄休，氐族人，略阳临渭（今甘肃省秦安县）人，祖籍巴西宕渠（今四川省渠县）。东羌猎将李慕之子，**十六国时期成汉政权建立者李雄之父，成汉政权的奠基人**。李特年轻时曾为州郡官吏，元康年间，随流民徙至巴蜀，被推为首领。永宁元年（公元 301 年），诛杀赵廞有功，被晋廷任命为宣成将军，封长乐乡侯，不久**率领六郡流民在绵竹起义**。太安元年（公元 302 年），自称持节大都督、镇北大将军，领益州牧。太安二年（公元 303 年），正式建年号为建初，同年为罗尚袭杀。**李雄称王后，追谥李特为景王，李雄称帝时，追尊为景皇帝，庙号为始祖。**

　　罗尚又名仲。西晋襄阳人，字敬之，武帝时为尚书郎。荆州刺史王戎以为参军。武帝咸宁五年，随王戎伐吴。惠帝永宁元年，赵廞反于蜀。尚

109

为平西将军、益州刺史（相当于云、贵、川，包括周围相邻省部分地区在内的最高领导）赴蜀往讨尚性贪。蜀人言曰："蜀贼尚可，罗尚杀我，平西将军，反更为祸。时李特率流民起事，杀赵廞。旋尚以计袭杀李特。太安二年，特子李雄与特弟李流收余众攻益州，尚败，委城而遁，寻卒。"

《晋书》记载："……诏拜尚（罗尚）平西将军、益州刺史，督牙门王敦、蜀郡太守徐俭，广汉太守辛冉等七千余人入蜀。特（李特）等闻尚（罗尚）来。甚惧，使其弟骧（李骧）于道奉迎，并献珍玩。尚悦，以骧为骑督。特（李特）、流（李流）复以牛酒（绵竹美酒和杀牛）劳尚于绵竹，王敦、辛冉说尚曰："特（李特）等专为盗贼，宜因会斩之；不然，必为后患。"尚不从。冉与特有旧，谓特曰："故人相逢，不吉当凶矣。"特深自猜惧。

第一、译文意思是：晋惠帝任命罗尚为平西将军、领护西夷校尉、益州刺史，率领牙门将王敦、上庸都尉义歆、蜀郡太守徐俭、广汉太守辛冉等大约七千余人入蜀。李特等人听到罗尚到来的消息，非常害怕，派他弟弟李骧前去迎接，并向罗尚进献宝物。

罗尚非常高兴，以李骧为骑督。李特及其弟弟李流在绵竹又用牛酒去犒劳罗尚。王敦、辛冉都劝罗尚说："李特等流徙之人，专为盗贼，应赶快把他除掉，可趁机杀掉他。"罗尚没有采纳他们的建议。辛冉

成汉皇帝李雄

以前和李特有交情，于是对李特说："故人相逢，如果没有吉利的事就会有凶险了。"李特深自疑惧。

《晋书》的记载为我们提供了以下信息：

说明了在西晋时期虽然发生了八王之乱和连年灾荒，使全国很多地方民不聊生，但是在绵竹这个地方仍然是五谷丰登、天府粮仓，不然就不会有数万流民来绵竹觅食。

第二、说明了在西晋时期李特、李流能够取得胜利，主要因为李特、李流在绵竹用绵竹美酒美食腐蚀了益州刺史、西征将军罗尚（益州的最高领导人），使罗尚在绵竹美酒的陶醉下，未听王敦、辛冉杀掉李特李流的建议，导致了李特、李流在绵竹发起了震惊全国的流民起义。李特越做越大，自称持节大都督、镇北大将军，领益州牧。太安二年（公元303年），正式建年号为建初，虽然他后来战死了，但其子李雄建立了成汉政权。李雄称王后，追谥李特为景王，李雄称帝时，追尊为景皇帝，庙号为始祖。

第三、说明了绵竹在西晋时期就盛产美酒，而且味美醉人。

第四、李特、李流带领数万流民来绵竹的另一个原因与道教有关。因为他们的祖先很多是张道陵和其孙张鲁"五斗米道"的信仰者，曹操占领汉中后，曹操把他们的祖先移民到甘肃一带，绵竹是东汉末年

张鲁爷爷张道陵建道教组织最多的地区，也是东汉末年发生马相、赵抵道教起义的地方，所以他们要回到祖先信道的地方寄食。

起义的经过简介：

东汉末年，张鲁统治汉中时，李特的祖辈从巴西郡宕渠县迁至汉中成为了"五斗米道"信仰者，曹操攻占汉中后，李特的祖父李虎颇具远见，带领氏族五百多家归附曹操，被授任将军之职，迁移到略阳（今属甘肃秦安县）以北地区，号称巴氏。李特的父亲李慕，自然成了"官二代"，后来官至东羌猎将。李特年轻时就在州郡任职，他极善骑射，武艺高强。元康六年（公元296年），氏**人齐万年**在秦雍二州氏、羌两族民众的拥戴下**举兵造反**。**关西一带兵祸扰**

乱，再加连年大荒，米贵如金，瘟疫流行。元康八年（公元298年），略阳、天水、扶风、始平、武都、阴平等六郡的数万家百姓为了活命，不得不背井离乡，逃难到汉中。**李特兄弟一家也被迫随同流民一起迁移**。因为李特兄弟毕竟是殷实人家，他们在路上常常见到生病和穷苦的难民，少不了扶危济困，雪中送炭。深得逃亡民众之心。十余万流亡百姓拥入汉中，不少难民难以饱腹。于是他们上书**请求从汉中进入巴、蜀寄食。朝廷不同意！**派侍御史**李苾**代表皇帝前往汉中慰劳，同时监督流民不让进入剑阁。**李特**等听说**李苾**是个贪财的人，便召集一些大户商量，凑集一笔银子送给李苾，让他放一条入蜀的生路。**李苾得了好处**，向皇帝汇报道："流民足有十万多人，汉中一个郡难以救济，如果让他们东往荆州，则只有走水路，而江流湍急旅途危险，且难以征集到大量的船只；**蜀地广阔，粮储充盈，百姓**

丰足富裕，让流民前往那里安置，比较容易解决吃饭问题。"朝廷听从李苾的意见后，打开了通往蜀地的大门。**经过剑阁时，李特见地势如此险峻，易守难攻，不由得长叹说**："刘禅拥有这样的天险，竟然防守不住，投降亡国，真是无能啊！"由此可见，李特是雄才大略之豪杰。从此，蜀地一场天崩地裂的巨变，就此拉开帷幕。

李特与三弟李庠、四弟李流、五弟李骧各带家口悉数入蜀。当时的益州刺史**赵**廞正好新官上位。赵廞的祖籍和李特的祖籍都是巴西郡安汉县人（治所在今四川南充市境内），因为是老乡，又见李特在流民中威望颇高，**赵**廞便很垂青**李特，让李特组织流民武装，负责管理流民。**

在这时朝廷"**八王之乱**"爆发。永康元年（公元 300 年）晋惠帝司马衷的叔爷爷赵王**司马伦假诏捕杀了专权的皇后贾南风及其党羽**，掌控了朝政大权。下诏提拔益州刺史赵廞入朝担任大长秋，让成都内史**耿滕**代替赵廞任益州刺史。**因为赵廞与贾南风是姻亲关系，**这贾皇后倒了，还要提拔他，**赵**廞认为要么是明升暗降，要么是诱他入朝，赶尽杀绝。赵廞看中原已经乱成一团，对蜀地鞭长莫及，心想不如就在这天府之国，**做他个土皇帝。**于是，他**拒不奉诏入朝。**为了收买人心，他拿出仓库中的粮食，赈济流民。见李特兄弟个个武艺高强，勇武善战，赵廞便厚待笼络，引为爪牙。

赵廞杀了朝廷任命的益州刺史**耿滕**，自称大都督、大将军、益州牧，建元太平。任命**李庠**（李特三弟）为威寇将军，封为**阳泉亭侯**。李庠为人骁勇，号称东羌良将，很能笼络人心。赵廞见李庠的部队一天天壮大，心里逐渐猜忌起来，怕他心生二意。西晋永宁元年（公元 301 年）二月，决定干掉李庠，把李庠与他的儿子、侄子十余人抓起来一齐杀害。**赵廞杀兄**

弟之仇，在李特、李流心里埋下深仇大恨，在绵竹暗暗厉兵秣马，寻找复仇的机会。

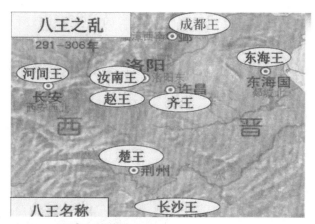

赵廞担心朝廷派兵讨伐，派一万兵马进驻绵竹的石亭，此时，李特已秘密聚集起七千多人。在一个月黑风高之夜，李特兄弟领军从四面八方一齐放起火来。火借风势，风助火威，十有八九都葬身大火之中，李特兄弟首战告捷，乘胜进攻成都。赵廞得知李特大军到来，在兵荒马乱中只得和妻子儿女乘坐一只小船逃走。船到广都（今成都双流），赵廞竟被随从朱竺杀死。赵廞一场土皇帝梦只做了三个月，便宣告烟消云散。李特大军进入了成都，斩杀了大批赵廞委任的官吏。向朝廷报告了赵廞反叛的罪行。

历史记载，听说赵廞之乱被平后，晋朝廷任命罗尚为平西将军，兼任护西夷校尉、益州刺史。罗尚带着督牙门将王敦、上庸都尉义歆、蜀郡太守徐俭、广汉太守辛冉等

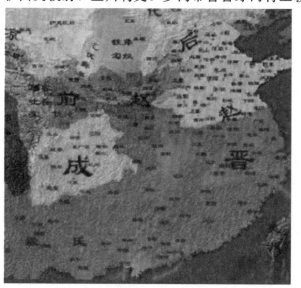

部属，率领七千多步骑进入蜀地。李特怕罗尚前来兴师问罪，连忙派五弟李骧在路上迎接，并献上古玩珍宝。罗尚见李特如此懂事，非常高兴，立马任用李骧为骑督。李特和四弟李流又在绵竹宰牛杀羊，备上美酒犒劳罗尚一行。罗尚酒足饭饱，享尊

荣，头脑不由得轻飘飘地放飞。王敦、辛冉劝罗尚趁早除掉李特兄弟，以免后患。罗尚见李特兄弟如此恭敬，哪里听得进去。

罗尚像

永宁元年（公元301年）三月，罗尚抵达成都，隆重上任。此时，秦、雍二州的叛乱早已平息。朝廷下令召回进入蜀地的流民，李特的大哥李辅原来留在家乡略阳，便假借迎接家人来到蜀地。他告诉李特说："**中原刚发生过变乱，百废待兴，回去没有意义**。"李特认为大哥的话很有道理，不如像赵廞一样，一统蜀地，成一方诸侯！李特主意已定，便多次去拜访罗尚，给罗尚送了很多绵竹的美酒和厚礼，请求延期停留到秋天。罗尚天天沉醉在李特送的绵竹美酒之中，便同意了李特的请求。因为平定赵廞有功，朝廷讨论任命李特为宣威将军，封长乐乡侯；李流为奋威将军，封武阳侯。朝廷文书下达到益州，并让州里上报同李特一起讨伐赵廞的六郡流民名单，准备予以奖赏。恰好**广汉太守辛冉**想把消灭赵廞之功占为己有，不执行朝廷旨意，**不如实上报，引起李特等人的怨恨**。

罗尚限令七月遣送流民必须上路。**辛冉想出一个谋财的最佳办法，借检查之名，杀掉流民的首领，夺取流民的财产**。辛冉知道罗尚也是个贪官，就给罗尚说："这些流民就是强盗，以前趁赵廞叛乱，抢掠了蜀中百姓很多财物，应设置关卡收取这些财物，绝不能让他们带着横财返乡。"**罗尚心领神会，立马设置关卡，搜索流民财物**。李特等人一再请求等到秋收之后，让流民赚得足够路费才好还乡。流民们得知李特兄弟一再帮他们说话，于是纷纷结伴前去见李特。**李特在绵竹建起大营，用来安置流民**，并写信给辛冉请求再次宽限遣返时间。

辛冉眼见即将到手的财富要打水漂，觉得擒贼须先擒王，于是他命人在各个关卡、路口张榜，悬赏捉拿李特兄弟。这样就大大激化了官府与流民群体的矛盾。**流民们纷纷带着武器，投奔李特**，不到一个月就聚集起两万多人马。四弟李流也聚集起数千人马。当年十月，李特将全部兵马集中在一起，手中有了部队，他派人去见益州刺史罗尚，请求重新确定期限。罗尚含糊其词地说，我个人意见是可以无限期延长遣返时间，但是他在各路口要冲营都建栅栏，图谋捕取流民，**李特知道罗尚是口是心非，又得知辛冉遣返流民态度坚决，李特便迅速返回绵竹组织流民军积极备战，对付官府围剿流民。**

想发流民横财的**辛冉**认为，如果不尽快动手，在李特兄弟领导下将会成为李特的鱼肉。决定应当先斩后奏。令广汉都尉曾元、牙门张显、刘并等率三万步兵、骑兵偷袭李特营帐。罗尚听到辛冉要动手的消息，也派督护田佐增援。

李特派探子探得情报后，悄悄排兵布阵，官军猝不及防大败。李特将官军首领的三个人头送给罗尚、辛冉。

李特军威大振，六郡的流民一致推举李特做首领。李特认为，广汉太守辛冉是最顽固的敌人，而且距绵竹最近，必须先将其消灭，罗尚派军援辛冉，都被李特击败，辛冉横财未发被杀。

　　李特乘胜进军成都，攻打罗尚，李特与蜀民约法三章，遍施恩惠，取消劳役，赈济帮助贫民，礼贤下士，提拔人才；而且严格约束军队，禁止扰民，政务严肃井然。蜀地百姓本来对罗尚就十分不满，因此李特这些举措受到民众的欢迎。

　　经与罗尚几次激烈交战，李特军消灭罗尚大量主力，李特虽然凶猛，但连胜之骄傲懈怠，太安二年（公元303年）正月，晋惠帝派荆州刺史宗岱、建平太守孙阜带领三万水军援救罗尚，将李特军团团围困。李特率部血战到底，与大哥李辅等，全部英勇战死。

　　建初二年（公元304年），李雄自称成都王，改元建兴，建兴三年（公元315年），李雄称帝，国号为成，建立成汉政权，改元晏平。爱护百姓、知人善任，颇有明君之风。后来李特的次子李雄称王后，追谥李特为景王；李雄称帝时，追尊李特为景皇帝，庙号始祖。成汉于公元304年建国。公元347年，成汉为东晋实际统治者桓温所灭，历五主，共四十四年。

十四、书圣王羲之与绵竹酒

王羲之（303 年－ 361 年），字逸少，原籍琅琊郡临沂（今属山东），

后迁居会稽郡山阴（今浙江绍兴），中国东晋书法家，有书圣之称，后官拜右军将军，人称王右军。其书法师承卫夫人、钟繇。

王羲之在书法艺术史上取得的成就影响巨大，被后人誉为古今之冠，尽善尽美。但其真迹皆已失传，著名的《兰亭集序》失传，著名的《兰亭集序》等帖，皆为后人临摹。

书圣王羲之以他的书法惊艳了世界，影响古今。相传，绵竹西汉古观"严仙观"三个字和严仙观山门左右"静、定"二字相传为书圣王羲之所书。

书圣王羲之

笔者研究认为：这与王羲之在益州作刺史的好朋友周抚有关。据史料记载，周抚是王羲之一生最好的朋友，比王羲之大11岁，他三十多年都是在蜀地为官，王羲之与他的老朋友周抚之间的情谊只有长期用书信来维持。

周抚（？—365年），字道和，庐江寻阳人，祖籍汝南安城。东晋时将领，曾协助王敦叛乱，后被赦免罪责。咸和初，为王导起用，从温峤平苏峻之乱。桓温征蜀时镇守彭模，击破蜀地余寇，平息叛乱。之后镇蜀30余年，威名远扬，蜀地安定。官至镇西将军、益州刺史。

草书法帖《十七帖》之中的大多数就是王羲之写给周抚的书信。 因卷首有"十七"二字而得名。《十七帖》是一部汇帖，凡27帖（即27封信）。原墨迹早佚，现传世《十七帖》是刻本。王羲之写给好朋友周抚的这批书信，书写时间是从永和三年到升平五年（公元347-361年），时间长达十四年之久。

王羲之在信中问周抚，"严君平、司马相如、杨子云皆有后不？"

第一、说明王羲之非常仰慕严君平、司

马相如和扬雄，所以在信中还关心过问他们后代的情况怎样。

第二、周抚要回答老朋友王羲之要问的事情，因为古代没有今天这样发达的通讯，就要到严君平的出生地和他的"君平庄"绵竹武都山（也是扬雄与严君平学道、学酿酒的地方）深入调查了解，弄清楚了才能回答他的好朋友王羲之。因此，周抚很有可能亲自来到了绵竹武都山君平庄，即，严仙观凭吊先贤，调查了解严君平、扬雄是否有后代的情况。这样，武都山的道长就知道了大书法家王羲之对严君平、扬雄等先贤的仰慕；知道了周抚是王羲之的好朋友；知道了王羲之喜欢喝酒；还知道了王羲之也是非常信奉道教之人。王羲之全家17口人都有"之"字，就相当于佛教的"释"字，说明王羲之全家人都信仰道教。于是武都山君平庄的道长，就可能亲自提着绵竹武都山的道酒去浙江王羲之府邸请王羲之题写了庄名，"严仙观"和"静定"二字。这也是清代王兆儒学习王羲之十七帖字书"武都山、君平庄"与之相配的原因。

另外，根据道教发展史和严仙观的历史来分析，可能**"严仙观"之前的名字叫"君平庄"，两晋时期可能其规模得到了大发展，要将君平庄改为严仙观，所以要请大书法家王羲之来写观名才能与严君平的影响力相配**。

为什么要把君平庄改为严仙观呢？因为严君平得道成仙的故事，在当时已经是人人皆知。另外，到两晋、南北朝时期，道教场所的建筑都颇具规模，不像早期道教场所一般是以山洞和十分简陋的房屋为主。所有**两晋、南北朝时期，一般都将道教场所改为了观**，这也是武都山严仙观道长不远万里去请大书法家王羲之题名的原因。

笔者认为，说不定周抚还为武都山道长写了介绍信去见王羲之的。所以才留下了传承千古的王羲之为"严仙观"题字的佳话。

相传，严仙观的道长提着绵竹武都山的道酒去到了浙江绍兴会稽王羲之居所，王羲之知道是老朋友周抚介绍来的，又十分仰慕严君平、扬雄的道德文章，又听道长说绵竹武都山道酒是严君平代代传技所酿，王羲之非常高兴，就请道长一起在家吃饭，品尝绵竹美酒，王羲之边品边说："好酒！美酒！醉饮之后，趁着酒兴题写了"严仙观"和"静、定"这些潇洒、道劲的大字。还相传，王羲之认为：绵竹严君平发明的武都山蜜酒非常好喝，就请武都山的道长教他酿。王羲之学会之后又将绵竹蜜酒的酿造技艺传到绍兴，据说现在著名的绍兴黄酒就是绵竹武都山蜜酒技艺与当地酿酒技艺相结合发展而来的。

绍兴黄酒

不仅如此，在王羲之写给周抚的《十七帖》信札中的《都邑帖》还反映了绵竹在西晋时期发生的重大历史事件。

王羲之的《都邑帖》译文："且夕都邑动静清和。想足下使还，具时州将。桓公告慰，情企足下数使命也。谢无奕外任，数书问。无他。仁祖日往，言寻悲酸，如何可言。"王羲之这件尺牍中说到的"桓公"，正是平定西晋时期在绵竹发生的中国历史上著名的李特、李流流民起义的主帅桓温。帖中的"桓公告慰"意为：在镇压绵竹发生的李特、李流流民起义的战争中，**桓温立下赫赫功勋**。信中的"**谢无奕**"指的是谢奕，王羲之的儿女亲家（他的闺女谢道韫大才女嫁给了王羲之家的二儿子王凝之）。"**且夕都邑动静清和**"是说：这时候巴蜀都邑一片祥和清平。即，在绵竹发生的李特、李流流民起义已经被桓温和周抚镇压平息。王羲之给周抚寄此信相贺，认为他这趟出使之后，加官进爵指日可待。

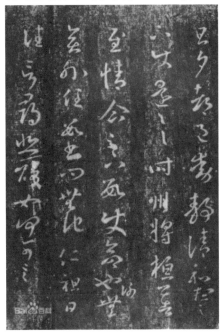

王羲之《都邑帖》

桓温与周抚灭蜀简介

前面已经对李特在绵竹的流民大起义作了简介，他的儿子**李雄于公元304年建国，建兴三年（公元306年），称帝，国号为成，建立了成汉政权。**

下面再简要介绍一下李雄称帝后到成汉朝的灭亡与绵竹历史和酒文化的情况。**成汉朝，历五朝，共四十四年。公元347年，成汉为东晋实际统治者桓温、周抚所灭。**

历史记载：李雄称帝后，爱护百姓、知人善任，颇有明君之风。李雄性情宽厚，谨守刑律法纪，很有声望。氐人苻成、隗文投降李雄后又背叛，亲手伤了李雄的母亲，他们又归降时，李雄都宽恕了他们的罪过，优厚地加以对待且接纳了他们。由此夷夏各族人心安定，威震四方。当时**海内大乱，而单单蜀地平安无事**，所以归附的人一批接一批。李雄于是兴办学校，设置官史，听政处事之后的空闲时间里，手不释卷。其赋税是：一个成年男子每年交三斛谷，成年女子减半，每户调绢不过几丈，丝绵数两。公事少而劳役不常有，百姓富庶殷实，闾门不关，没有抢劫偷盗的。但是，成汉王朝政权组成人员基本都是他们**自家人：李雄的叔叔李骧为太傅，其各路兄弟李始为太保、李离为太尉、李云为司徒、李璝为司空、李国为太宰……，**他们自家人表面上是一团和气，实际上却是勾心斗角，矛盾重重。

公元334年，李雄病死，遗命其兄之子**李班**继位，数月后李雄之子**李期杀李班**自立。公元338年，李骧之子**李寿**又杀了**李期**自立为帝。**李寿生活奢侈荒淫**，人民受到严酷的徭役压迫。**李寿死后，其子李势继位，大肆杀伐**，国势更加衰弱。**成汉王朝只经历了四十多年，公元347年，东晋的执政桓温率领着王羲之的好朋友周抚等一同歼灭了成汉政权，为东晋王朝立下了不朽功勋。已经五十多岁的周抚也在这一时期走上了人生的辉煌时期。**

江奎艺术博物馆藏西晋龙把佛像鸡首壶酒器

成汉灭亡后，旧臣王誓、王润、隗文等人又反，**周抚与恒温一同讨伐王誓、隗文等人**，成功击败叛军并斩杀王誓和王润，**周抚也因功升平西将军**。后来桓温离开成都返回江陵，隗文看见桓温不在，又作起妖来，乘机占领了成都，更立成汉丞相范长生子**范贲**为帝，聚众一万人。堪称大规模叛乱。这场叛乱一直持续到永和五年（公元349年），**周抚**终于与龙骧将军朱焘一齐领兵击败了范贲，彻底平定了叛乱。周抚就又加官晋爵，成为建城县公。所以**王羲之写信祝贺老朋友周抚。**

十五、齐武帝萧赜与绵竹酒

齐武帝萧赜（440—493年），南朝齐第二任皇帝，齐高帝萧道成长子。建元元年（公元479年），成为皇太子。建元四年（公元482年），正式即位，是为齐武帝，年号永明。

1985年，考古工作者在绵竹"**天益老号**"发现了酿酒地窖，还发现了一块"**永明五年**"的南齐纪年砖。考古工作者根据出土层的叠压关系及出土器物的时代特征，认为绵竹的地下窑池建造年代不晚于南北朝南齐永明五年，即**公元 487 年。2002 年"天益老号"酒坊被四川省人民政府列为全国重点文物保护单位。**

这一考古发现为绵竹提供了两个重要的历史和酒文化信息。

齐武帝萧赜

永明五年，即公元 487，是南朝齐武帝萧赜的年号。**南北朝**是南朝和北朝的合称。南北朝时期（420 年—589 年）是中国历史上的一段大分裂时期，也是中国历史上的一段民族大融合时期，上承东晋十六国下接隋朝，由公元 420 年刘裕代东晋建立刘宋始，至公元 589 年隋灭陈而终。南朝（420 年—589 年）共有四个朝代：宋、齐、梁、陈四朝。北朝（439 年—581 年）共有五个朝代：北魏、东魏、西魏、北齐和北周。

第一、绵竹"天益老号"出土的南齐纪年砖它说明了现在的绵竹在南北朝时期是属于南朝所管辖。武都山出土的文物也说明了现在的绵竹属于南北朝时期的南朝所管辖。

第二、绵竹的酒文化信息，虽然南北朝时期是中国大分裂时期，但是绵竹"天益老号"考古发掘南齐纪年砖酿酒业仍然很发达，清代时期绵竹的"天益老号"酒坊是在南朝齐武帝萧赜时期酿酒作坊的基础上所建成。

齐武帝萧赜自幼跟随其父齐高帝萧道成东征西讨，担任过县州郡的地方长官，有比较丰富的统治经验。他即位后，特别注意调节统治阶级与被统治阶级之间以及和魏朝的矛盾，又注意调和统治阶级内部

的关系。因此，他在位的 11 年社会比较稳定，**经济比较繁荣，生产得到了较好的发展，市民富庶。南朝齐武帝萧赜共执政共 10 余年**（483 年正月—493 年 12 月）。**被历史学家称为"永明之治"，这是当时绵竹地区酿酒业发达的主要原因。**

十六、隋代蜀王杨秀与绵竹酒

蜀王杨秀（573年—618年），隋文帝杨坚第四子。隋开皇元年（公元581年），立为越王。未几，徙封为蜀王，拜柱国、益州刺史，总管24州诸军事。开皇十二年（公元592年），又为内史令、右领军大将军。寻复出镇于蜀。杨秀有胆气，容貌瑰美，多武艺，甚为朝臣所敬畏。

隋代蜀王杨秀

宇文化及弑炀帝后，欲立他为帝，群议不许。于是害之，并其诸子，葬吟阳八合坞。

《绵竹县志》载："相传蜀王秀提兵至，士马兵渴，王以三矢祝天，射西北山足，俄而水涌者三。"它是绵竹酿酒的重要水源。

射箭台酒业集团是绵竹唯一一家既酿大曲美酒，又制造精良酿酒设备的四川著名企业，是清代晚期绵竹魏氏祖辈利用隋代神泉"三箭水"在古射箭台创办的魏家烧坊的基础上发展而来。魏氏先祖为了永久纪念和感恩传说中的蜀王杨秀在射箭台射出的三箭神泉，使之酿出了天下美酒，就把此酒命名为**射箭台酒**；并专门设计、制作了传说中蜀王杨秀射水的神箭，作为酒坊的传世神物，镇坊之宝，祈求上天和蜀王福佑酒业昌盛，子孙发展，传承已上百年。

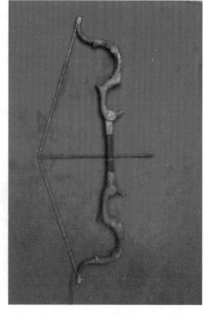

魏氏先祖感恩蜀王秀传承的清代神箭

《**绵竹县志**》载："射箭台相传蜀王秀提兵至，士马苦渴，王以三矢祝天，射西北山足，而大水涌出者三，因筑台名曰，射箭台，今射水河是也。台久倾圮，嘉庆十七年武举陈宇英、庠生徐名卿等，呈准修建，即旧址为高台建楼二层，肖蜀王像。其上举人徐名昭为记之勒碑下，颇为坚固以壮观瞻。"蜀王射出的三箭水是千古神泉，是酿酒的最好水源，**魏氏家族先辈们皆因此酿出传世美酒，曾酿美酒"道神源"而盛传"翻过土地坡，松潘闻酒香"**的赞誉。魏氏祖先几代人不仅是酿酒家，也是著名的酿酒设备设计制造家。他们在清代和民国年间对绵竹酒坊老板们都很友善，常年游历于各大酒坊，交流酿酒技艺，为各大酒坊手工编制、设计传统酿酒器具。这也造就了其酿酒技艺集大家之所成，又不失自身特有的风格。

魏氏传统白酒酿造技艺代代相传，几经盛衰流传至今。第三代传承人魏华海继承先父魏荣甫遗志，创办了射箭台酒业，历经几十载的努力，恢复了百年历史的传统古窖池72口，使得魏氏传统白酒酿造技艺再次完美重现，并获评绵竹市县级非物质文化遗产称号。生产的射箭台酒一经问世便一举斩获2021年度IWSC国际葡萄酒暨烈酒大赛金奖、旧金山世界烈酒大赛银奖和酒严选成都国际烈性酒大奖赛银奖等三项大奖。

射箭台酒业依托于三箭水的天然神泉，承载着射箭台的传说故事，饱含对蜀王杨秀的崇高敬意，传承了魏氏酿酒古法技艺，延续着绵竹酒的繁荣昌盛。

隋代神泉——"三箭水"

　　三箭水传说，蜀王杨秀提兵至绵竹时，士马兵渴，蜀王就向天师那里求了三支神箭射水，射出的前两箭，探水者都因说"无水"而被杀。射出第三箭后，探水者怕又说实话而被杀，就把沿途上一个卖油翁的油桶打翻在小溪里，向蜀王汇报："有水了！"一说有水，三箭水喷涌齐发冲了下来。原来，因蜀王射出的是从天师那里求来的神箭，全靠讨口封。因为探水者打翻了油桶，所以射水河的石头非常光滑，从不生青苔。阳光洒在粼粼的碧波上，如碎金闪烁，珍珠跳荡。在这条河里，还盛产一种其味十分鲜美的小鱼，名曰："猫猫鱼"。别看它小，与名扬天下的雅鱼媲美也毫不逊色。

　　至今尚存射箭台遗址。泉头尚存一道隋代石碑，因时间久远文字泯灭，明代翻面补立。

　　碑上记载："绵竹之西四十里许，三溪山广安寺之左，有神泉焉，四时不竭。"

　　明代状元杨升庵游"神泉三箭水"有诗曰：

巍石山前寺，灵泉胜复幽。

紫金诸佛相，白雪老僧头。

湖水生寒月，松风夜带秋。

蜀王三箭发，射水济民忧。

经专家鉴定，三箭水和中国名泉玉妃泉同属一个地下水源，都属含锶、低钠优质天然饮用矿泉水。水中含有对人体有益的微量元素 13 种，所以饮区人民多健康长寿。隋代神泉"三箭水"是剑西酒业、凤凰酒业、射箭台酒业、齐福酒业的重要水源。

十七、初唐四杰之一王勃与绵竹酒

王勃（约 650~约 676 年），字子安，绛州龙门县（今山西省河津市）人。唐朝著名文学家，与杨炯、卢照邻、骆宾王共称**"初唐四杰"**。 王勃二十七岁因落水后惊悸而死，他的一生虽然短暂，但却成就非凡，光芒四射，

仅一篇《滕王阁序》就足以令很多才子望尘莫及。

唐高宗咸亨二年，初唐四杰的王勃仰慕严君平和喜欢君平庄酿的美酒，来到绵竹武都山君平庄。

据王勃**净惠寺碑铭记载：**当时绵竹县令叫刘照，就在武都山君平庄用蜜酒热情接待了王勃。醉酒之后，县令刘照就请大文豪王勃为始建于梁太清年间，唐代重建的净慧寺题写碑铭（今吉祥寺）这篇著名的文和铭收在了《**全唐文**》之中，现刻在今绵竹吉祥寺内。

根据《新唐书》记载，王勃作诗

前不喜欢冥思苦想，而是先磨墨，然后饮酒，喝醉后，用厚厚的被子蒙头大睡，酒醒后直奔砚台，挥笔直书，一气呵成，诗成后一个字不改。

王勃净慧寺碑铭（位于绵竹吉祥寺）

净慧寺碑铭　唐·王勃

原夫帝机寥廓，云雷驱妙有之功；正气洪荒，清浊构乾元之象。融而为川渎，结而为山岳。五城韬海，接昆阆于大都；八洞藏云，冠瀛洲于巨阙。造化之所偃薄，灵谷之所启处。极缇油而纵观，咏颂宁殚；出宇宙而高寻，风烟罕测。是知玉厄无当，遐荒非视听之津；金榜所存，城阙尽江湖之致。何必九虬齐鹜，直访银宫；八骏长驱，遥临石室？武都山净慧寺者，梁太清年中之所建也。名山列岳之旧，仙都福地之凑。黄龙负匣，著宝籍于经山；紫凤衔书，荫荣光于井络。须弥山顶，仍开梵帝之宫；如意山中，即有经行之地。尔其盘踞跨险，列嶂凭霄。日月之所窜伏，烟霞之所枕倚。飞泉瀑流，荡涤峰崖；绿树玄藤，网罗丘壑。飞廉作气，被万吹于中岩；帝顼司寒，宅千霜于北谷。丹梯碧洞，杳冥林岫之间；桂庑松楹，寂寞风尘之表。是称英镇，实瞰崇冈。

闾阎当四会之街，城邑辨三分之地。绵溪锦溵，下浸重峦；玉阜铜陵，

130

旁分绝磴。山川络绎，蹦腾宇宙之心；原隰纵横，隐轸亭皋之势。顷以黄旗夜徙，紫盖晨倾；九服失图，三灵在疚。奸臣跃马，据折坂而吟云；壮士闻鸡，拥阳关而啸雨。岷峨失险，化为锋镝之场；江汉横流，非复朝宗之国。禅宗由其覆没，法众是以凋沦。国家奄有帝国，削平天衅。紫宸反照，皇阶即叙。万国顺，百灵朝。幽贤再立，华戎一揆。烛龙韬景，避尧日于幽都；云鹏翼，候虞风于晏海。以为轩阶具美，功穷望祲之台；汉道兼宏，力尽祈年之观。爰经宝地，大启祥宫。抚香象而高视，鸣法螺而再唱。龙垣净土，连帝道而重光；鹤苑崇基，脱皇居而首出。况乎山境旧壤，下镇偏隅；天帝遗墟，上干躔次。王舍城之宫阙，白玉犹存；给孤独之园林，黄金尚在。法物由其大备，盛德所以相寻。株兵奉天藏之图，泉女献山祇之籍。离亭合榭，因岸谷之高低；叠观连房，就冈峦之曲直。丹崖反照，画栱相邻；绿嶂斜烟，雕檐间出。丰隆晓震，次复雷而凄皇；列缺晨奔，望崇轩而眙愕。千香宝树，自起风烟；九乳仙钟，独鸣霜雪。银龛佛影，遥承雁塔之花；石壁经文，下映龙宫之叶。虹生北润，即挂新幡；凤下东岑，还栖旧刹。若乃寻曲岫，历崇隈，周行数里，直上千仞。苍松蓄吹，临绝径而疏寒；黛篆防烟，绕回疆而结荫。春岩橘柚，影入山堂；秋壑芙蓉，光浮水殿。亦有山童采葛，入丹窦而忘归；野老纤花，向青溪而不返。山神献果，送出庵园；天女持花，来游净国。实杳冥之秘诀，托幽深之逸境。岂止淮南桂树，暂得仙家；江左桃源，终迷故老而已！爰有宽阔黎者，俗

姓杨氏，其先华阴人也。因官徙地，家于绵竹。山分太华，水带长汾。川岳会同，风云感召。玄经素论，侍郎居八俊之英；绿绶黄轩，太尉列三台之首。法师玉函降彩，金瓶探色。振八界之遥远，践三明之广路。灵机入证，穷相载于初髫；妙谛因心，释羊车于弱冠。三千法界，由广位而出无明；十二因缘，自普济而登彼岸。弘宣誓愿，大振沉厉。挥觉剑而破邪山，扬智灯而照昏室。弥纶所被，白马尽于禺同；权渐所开，黄牛至于嶓冢。虔诚乐土，憩影兹峰。乃以贞观九年，于寺西院立七佛堂一僧舍。星毫动牖，月面分阶；彩凤衔旒，神龙负塔。飞烟涌座，兑兑忉利之天；香雾成台，树树菩提之果。朝散大夫行县令清河张楚，亲承妙业，俯瞰贞琰。林宗有道，伯喈无愧。法师夙机少晤，应变多奇。玉山中断，琼林下杂。支道林之好事，语默方融；释慧远之高居，风埃遂隔。洎乎坐忘遗照，返寂归真。城肆飒然若遗，空山黯而无色。岂直岩枝泣血，户摧梁而已哉！县令刘照，彭城人也。自砀山仗剑，绾凤历于云台；春郊授钺，嗣龙图于白水。玉垒三分之胄，下杂公门；金陵一霸之基，旁参帝绪。翠丹绂，历今古而先鸣；人杰地灵，冠山川而得隽。君膺岳渎之秀，挺风云之会。昆溪剑锷，直照胸襟；楚泽珪璋，潜周履行。鲁恭明德，方升汉辅之阶；潘岳能文，且职河阳之县。仁徽可被，阖境仰其风猷；威德所加，百城叠其霜彩。尚乃康庄妙域，光开不舍之坛。舟楫爱河，昭畅无生之业；痛鹫林之殄瘁，悲象教之榛芜。爰命缉兴，式光泉薮。虎蹊龙涧，近分庐岳之图；金阙瑶台，更讨瀛洲之记。铭曰：武都仙镇，龙墟奥域。邑动 藤斜，山高树逼。千楣鹤列，万木星悬。分林购址，接磴开廛。临阶竹树，绕栋风烟。兑前怪石，塔下秋泉。绿崖疏径，青岑拒室。雾道相萦，烟房互出。叶浓溪静，花深嶂密。鸟渡难寻，猿惊易失。檐分石窦，地落金沙。丹邱皓月，碧洞栖霞。松开野路，桂列仙家。仙炉柏叶，宝座莲花。砌因岩曲，桥随峰返。果出天厨，香来仙苑。玉钥启曙，金铛照晚。谷思钟张，山悲多远。闾阎践胜，铜墨高情。声飞别邑，望动专城。悬金道肆，刻石山楹。千载之后，吁嗟令名。

这篇碑铭对研究绵竹在唐代的历史文化和酒文化具有重要的历史文献价值。

十八、诗仙李白与绵竹酒

李白（701年－762年），字太白，号"谪仙人"，祖籍陇西成纪（今甘肃省天水市），出生于吉尔吉斯斯坦碎叶河上的碎叶城，属唐安西都护府（今楚河州托克马克市），成长于剑南道绵州昌隆县（今四川省江

油）。唐代伟大的浪漫主义诗人，有诗仙""诗侠""酒仙""谪仙人"等称呼。唐剑南道绵州（巴西郡）昌隆（后避玄宗讳改为昌明）青莲乡。今属四川省江油市，为诗仙李白的故乡。当时的绵竹也属剑南道绵州。

李白在绵竹"解貂赎酒"是流传千古的佳话。

千古相传，李白年轻时多次来绵竹武都山论道醉酒。有一次他认为绵竹酒太好喝了，又将钱喝完了，就把身穿的貂皮大衣脱下换酒喝，所以在绵竹留下了李白"士解金貂""解貂赎酒"的千古佳话。

李白来绵竹"解貂赎酒"尽管只有《四川酒志》有载，但笔者根据史料研究认为这应该是真实的历史。

理由有七点：

1、李白的故乡，唐剑南道绵州（巴西郡）昌隆（后避玄宗讳改为昌明）青莲乡。今属四川省江油市，距离绵竹很近，当时绵竹与剑南道绵州同属一地。

2、李白的道教信仰十分虔诚，绵竹是中国道教的主要发源地之一，绵竹的中国早期道教遗迹在全国最多，绵竹道教文化十分灿烂悠久。

3、绵竹武都山严仙观是汉代大道学家、思想家严君平和他的弟子汉代辞赋家、思想家扬雄治学、修仙、酿酒之地，他非常仰慕严君平和扬雄的道德文章。李白还曾为严君平写了一首古风诗。

君平既弃世，世亦弃君平。观变穷太易，探元化群生。

寂寞缀道语，空帘闭幽情。驺虞不虚来，鸑鷟有时鸣。

安知天汉上，白日悬高名。**海客去已久，谁人测沉冥？**

4、绵竹自古盛产好酒，李白是酒仙。

江奎艺术博物馆藏唐代玛瑙包金凤凰莲花纹酒壶（回流）

5、李白好旅游，绵竹是洞天福地、道教三十六静庐的"第一静庐"，山川灵秀之地。

6、《四川酒志》有李白在绵竹"解貂赎酒"记载。

7、李白非常崇拜的汉代大文学家扬雄和"初唐四杰"之一的大诗人王勃，他们都来过绵竹问道、醉酒、写赋。扬雄就是因为一篇《绵竹颂》被他在朝廷为官的同乡好友杨庄推荐给汉成帝，使之由一个白丁一夜成为朝廷高官，李白也朝思暮想去朝廷为官。

李白 25 岁离开蜀地，仗剑去国，辞亲远游，他踏遍了祖国大江南北的名山大川，留下了许多脍炙人口的诗。开元十三年（公元 725 年）至天宝二年（公元 744 年）。李白抱着"奋其智能，愿为辅弼，使寰区大定，海县清一，济苍生，安黎元"的积极入世思想，漫游盛唐社会。

李白所到之处无不挥毫落纸，诗名远扬，最终震动朝野。42 岁时，李白得到唐玄宗的妹妹玉真公主的推荐（一说由道士吴筠引荐）到了长安，唐玄宗对李白的才华很赏识，礼遇隆重。

江绪奎、江淼创作的李白绵竹解貂赎酒图酒文化石雕壁画

天宝元年（公元 742 年），由于玉真公主和贺知章的交口称赞，玄宗看了李白的诗赋，对其十分仰慕。便召李白进宫，李白进宫那天，玄宗降辇步迎，"以七宝床赐食于前---"。

李白在朝廷为官也常喝绵竹酒，天宝六年，李白便将绵竹酒献给玄宗皇帝喝，皇帝感觉其味甚于御酒，问李白："卿献酒来自何处？"李白曰："臣所献酒乃剑南道绵竹县君平庄所造"，从此，宫廷用酒大多来自绵竹，玄宗特赐名"剑南烧春"。

唐李肇撰《唐国史补》也记载了"剑南烧春"为唐代宫廷御酒之一。《旧唐书德宗杰纪》记载：在大历 14 年前，每年要向唐宫进贡 10 斛"剑南烧春"酒。

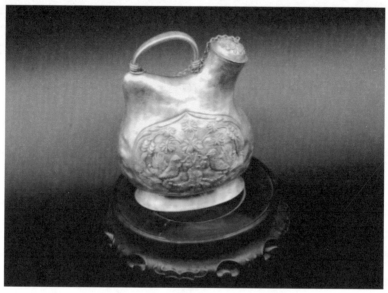

江奎艺术博物馆藏唐代金酒壶（回流）

十九、诗圣杜甫与绵竹酒

杜甫（712年—770年）唐代伟大的现实主义诗人，被后人称为"诗圣"与李白合称"李杜"。**李白与杜甫，人称诗仙与诗圣，也可称为酒仙与酒圣。**

据郭沫若在《李白与杜甫》一书中统计，李白诗1050首中，与酒有关的170首，占总量的16%；杜甫诗1400多首，与酒有关的300多首，占总量的21%。

历史记载：杜甫比李白更爱喝酒。

杜甫自己的诗也可以证明他每天都要醉酒。诗云：

朝回日日典青衣，每日江头尽醉归。

酒债寻常行处有，人生七十古来稀。

从杜甫的诗中可以看出，他很穷，但又每天醉酒，李白是绵竹解貂赎酒，杜甫是没有酒钱就**"日日典青衣"，不醉不归，处处都欠有酒债**，杜甫天天醉酒主要是对"安史之乱"后现实生活的极大愤慨和对国家走向战乱、人民生活水深火热的忧患。

天宝十四年（公元755年），安史之乱爆发，潼关失守，战乱和饥荒使杜甫一直处于迁移动荡之中。乾元二年（公元759年），杜甫举家由同谷（今甘肃省成县）入川，经艰苦跋涉，终于在公元759年底抵达成都。到达成都

江奎艺术博物馆藏唐代水晶包金皮囊酒壶

后的杜甫和家人没有房子居住，在裴冕及他的亲戚表弟王司马的帮助下，于公元760年春开始修建杜甫草堂。没有钱的杜甫就用诗**觅竹**、**觅树**、**觅花**，甚至他吃饭的碗都是用诗觅来的。他从甘肃到成都，途经绵竹县衙时看见不屈不挠、潇洒苍翠的绵竹，就想起了西汉大辞赋家扬雄的《绵竹颂》对绵竹的礼赞，杜甫认为绵竹的形象不屈不挠、潇洒苍翠，正是他人格和精神的象征。于是在修杜甫草堂时他就来绵竹，以诗觅竹。

杜甫在剑南西川节度使裴冕的介绍下来到了绵竹县，当时绵竹的县令叫**韦续**，因为杜甫是韦县令的顶头上司**裴冕**的好朋友，又是爱酒如命的大诗人，绵竹又是名酒之乡，可以想象当时**韦县令一定是用绵竹最好的美酒接待了杜甫。**

现在杜甫酒业集团传承唐代韦县令请杜甫喝绵竹烧春的酿酒技艺，深挖杜甫的诗酒文化，酿出了名扬天下的杜甫牌系列文化名酒。开发了杜甫酒文化系列文创酒礼品，显示出了杜甫酒文化品牌很高的经济和文化价值，一年一度的中国杜甫诗酒文化节，更使杜甫酒业和杜甫系列美酒闻名全国。

杜甫在酒醉之后，写下了"从韦二明府觅绵竹"的千古名篇来答谢韦县令。诗云：

华轩蔼蔼他年到，绵竹亭亭出县高。

江上舍前无此物，幸分苍翠拂波涛。

明府：唐代对县令的称呼。**觅：**要。**华轩：**华丽的车或县衙的栏杆。**蔼蔼：**绵竹成荫。**县：**通假"悬"与"檐"。**江：**锦江。**舍：**草堂。

江绪奎书杜甫咏绵竹诗

中美杰出华人书画艺术家江绪奎作品
Chinese American outstanding Chinese painting and calligraphy
artist Jiang Xukui works

江绪奎草书杜甫赞绵竹诗被选中为美国邮票中英文全球发行。

古籍记载，杜甫修草堂全是以诗觅物，叫县令派人送到草堂，只有觅绵竹是杜甫借裴冕车子亲自来的。笔者研究认为，杜甫来绵竹还有其它目的。杜甫来绵竹不仅要**以诗觅竹，**还要**醉酒问道，瞻仰先贤古迹。**

为什么说杜甫来绵竹不仅要**以诗觅竹，**还要**醉酒问道、瞻仰先贤古迹？**

江奎艺术博物物馆藏唐宋时期玛瑙包金莲花酒杯三只

笔者认为主要有以下原因：

　　1、**绵竹盛产竹子，他特别爱绵竹**。因为绵竹越是风霜雪箭，越是挺拔向上，竹针越坚硬，杜甫认为绵竹不屈不挠的品格是他人和精神的象征。

　　2、**绵竹还有极高的经济价值**。杜甫诗云："**我苦游锦城，结庐锦水边。有竹一顷余，乔木上参天。**""**新松恨不高千尺，恶竹应须斩万竿。**"从杜甫的诗中可以知道，绵竹不仅有观赏价值，不屈不挠，有极强的生命力，而且绵竹经济价值很高，比其他竹子长得快，发得宽，把杜甫草堂的松树都掩盖了。种竹成为杜甫经营草堂最重要的项目，后来竟种了上百亩的竹子，有一次砍竹，就砍了上千竿，这应该是杜甫一家生存下来的主要收入之一。所以，杜甫要来绵竹觅竹。

　　现在成都杜甫草堂的万杆绵竹就是杜甫当年以诗觅去的绵竹的万代子孙。

　　3、**杜甫崇拜严君平、扬雄、王勃**。他们都是杜甫的前辈，他们都曾经在绵竹醉酒问道，留下了千古诗篇。杜甫作为大诗人一定也要向前辈学习，来绵竹瞻仰先贤古迹，所以杜甫也在绵竹也留下了千古诗篇。

杜甫草堂的绵竹

　　4、**绵竹在汉代就出名了，扬雄曾拜严君平为师，在绵竹武都山跟严君平学道酿酒**。扬雄因在绵竹学道酿酒时写了一篇《**绵竹颂**》，一夜之间由一介平民成为朝廷高官。杜甫也是一个官迷。但是，杜甫想当官这个愿望并没有任何可指摘之处，在帝制时代，知识分子的出路并不多，学而优则仕是经典的上升路径。为了入仕，杜甫频繁出入于达官贵人的府邸，写下了一封又一封"求官诗"。 天宝五载（公元746），三十五岁的杜甫在前一年告别了从长安败走的李白，也来到了长安，梦想着有朝一日得到李隆基重用，**"致君尧舜上，再使风俗淳"**。

江奎艺术博物馆藏唐代莲花金酒碗（回流）

　　5、杜甫嗜酒，绵竹酒在唐代就是宫廷贡酒。杜甫的好朋友裴冕是剑南西川节度使，是绵竹韦县令的顶头上司，既是顶头上司的好朋友，又是大诗人，韦县令一定会用绵竹最美味的酒招待他。比杜甫平时喝的"日日典青衣""酒债寻常行处有"的浊酒好到天上去了。所以，杜甫来绵竹还想醉酒。

　　杜甫是李白的好朋友。李白年轻时也在绵竹问道醉酒，留下了"解貂赎酒"的佳话。杜甫和李白都是官场失意后就更加信奉道教。杜甫曾经与李白、高适三人一同去采仙草、拜高道。绵竹是中国早期道教遗迹最多的地方。道教"四个治""两个靖庐"（而且是第一静庐）"第三洞天""六十四福地"都在绵竹。韩终、严君平、张道陵等都在绵竹留下了很多仙迹。所以他也要来绵竹醉酒问道。

141

以上叙述说明了杜甫来绵竹有四个目的：

觅竹、问道、醉酒、瞻仰先贤古迹。

专家对李白和杜甫在醉酒问道互为粉丝的学术研究：

学者认为，李白和杜甫，"一位诗仙、一位诗圣"。古语有云："**仙近于天，圣近于地**"，他们都是诗中的王者。很多人可能会有"**王不见王**"的想法，据史料记载，杜甫和李白两人，不仅相遇过，关系还非常好。好到什么程度呢？用杜甫自己的话来说是"**醉眠秋共被，携手日同行。**"**他们两个都特别嗜酒，喝醉后睡觉时一起同被共眠**，白天一起携手出游，可见他们的关系密切到了一定的程度。杜甫比李白小 11 岁，杜甫生于公元712 年，病逝于公元 770 年，终年 58 岁；李白生于公元 701 年，病逝于公元 762 年，终年 61 岁。

两人相遇的时间是公元 744 年，这一年杜甫 32 岁，李白 43 岁。此时的李白因为得罪权贵，被赐金放还。不过，这时的李白已经名扬天下，不仅有玄宗赏识，招之入宫的光荣事迹，还有贵妃劝酒，高力士脱靴的轶事流传民间。而杜甫还只是一个考进士都落榜的秀才，默默无闻。两人的相遇，并没有因为身份的不同而有所拘束，反而一见如故。他们结伴出游，纵情

力士脱靴图

山水，快意人生，结下了"醉眠秋共被，携手日同行"的友谊。他们度过了快乐的一年，相约下次在梁宋会面，访道求仙。**杜甫就是在李白的影响下信仰道教的。**

说杜甫是李白的粉丝，是因为两人分别后，**杜甫写了很多的诗给李白：**

《春日忆李白》

白也诗无敌，飘然思不群。清新庾开府，俊逸鲍参军。

渭北春天树，江东日暮云。何时一尊酒，重与细论文。

诗的大致意思是：**李白的诗是无敌的，**他的作品潇洒、飘逸，豪放大气，超然脱俗。他的诗作既包含庾信的清新，也有鲍照的俊逸。现在是在春天，我在渭北对着树木遥望，而李白老哥，你在江东估计在看着薄云暮色，我们天各一方，只能彼此遥相思念了。哎，什么时候，我们才能一起畅饮，纵古谈今，评文论诗呢？

《冬日有怀李白》：寂寞书斋里，终朝独尔思。更寻嘉树传，不忘角弓诗。短褐风霜入，还丹日月迟。未因乘兴去，空有鹿门期。

诗的大致意思是：

我独自一个人在书房里，每日每夜都在思念你啊，我的老哥。我到处找寻你的文章，一有时间就拿出来诵读。寒风已至，丹药却迟迟不能炼成。

我不能跟你一起尽兴出游，去鹿门山采仙草的愿望估计也实现不了了。

《梦李白二首》（其一）

死别已吞声，生别常恻恻。江南瘴疠地，逐客无消息。故人入我梦，明我长相忆。君今在罗网，何以有羽翼？恐非平生魂，路远不可测。魂来枫林青，魂返关塞黑。落月满屋梁，犹疑照颜色。水深波浪阔，无使蛟龙得。

《梦李白二首》（其二）

浮云终日行，游子久不至。三夜频梦君，情亲见君意。告归常局促，苦道来不易。江湖多风波，舟楫恐失坠。出门搔白首，若负平生志。冠盖满京华，斯人独憔悴。千秋万岁名，寂寞身后事。

杜甫写给李白的诗粗略地算下来有 15 首，所以说杜甫是李白的粉丝也不为过。李白和杜甫是好朋友，他们彼此互相欣赏，李白也写了很多欣赏杜甫的诗。

这里仅以李白酒诗为例：

其一、**鲁酒不可醉，齐歌空复情。**——唐代：李白《沙丘城下寄杜甫》

解释：鲁地酒薄难使人醉，齐歌情浓徒然向谁。

其二、**思君若汶水，浩荡寄南征。**——唐代：李白《沙丘城下寄杜甫》

解释：我思念您的情思如滔滔汶水，汶水浩浩荡荡向南流去寄托着我的深情。

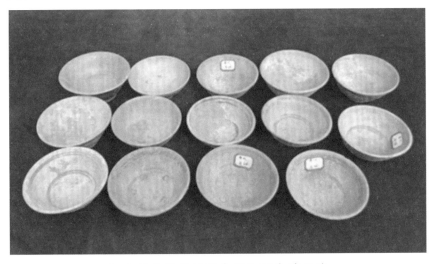

江奎艺术博物馆藏唐代民间青花酒海

其三、**醉别复几日，登临遍池台。**——唐代：李白《鲁郡东石门送杜二甫》

解释：离痛饮后大醉而别还有几日，我们登临遍附近的山池楼台。

其四、**何时石门路，重有金樽开。**——唐代：李白《鲁郡东石门送杜二甫》

解释：什么时候在石门山前的路上，重新有我们在那里畅饮开怀？

专家对杜甫与李白醉酒的比较研究

不同之一：杜甫饮酒诗主要抒发家国情怀；李白饮酒诗主要是抒发个人情感。

不同之二：杜甫"**醒**"酒。虽也追求醉，其精神处于"**清醒**"状态；李白是"**醉**"酒。（但愿长醉不愿醒。"千金难买一醉"） 是一种自由的精神状态。

不同之三：**杜甫是青衣典酒；李白是解貂赎酒。**五花马，千金裘，呼儿将出换美酒，与尔同销万古愁。

不同之四：**杜甫家无钱大多喝浊酒。**"樽酒家贫只旧醅（pēi）""醅"：未经过滤的隔年浊酒。**李白有钱喝好酒，杯子都是金的。**"金樽清酒斗十千"

不同之五：**杜甫喝酒不狂；李白醉酒"狂"**（高力士脱鞋，贵妃樽酒、天子呼来不上船）

成都杜甫草堂郭沫若联赞杜甫

二十、唐德宗皇帝与绵竹酒

唐德宗李适（742 年 5 月 27 日~805 年 2 月 25 日），祖籍陇西成纪（今甘肃省秦安县）人。唐朝第九位皇帝（除武则天和唐殇帝外），唐代宗李豫长子。在位时期，内部兴起了古文运动；在对外关系上，联合回纥、南诏，打击吐蕃，成功扭转对吐蕃的战略劣势，为"元和中兴"创造了较为有利的外部环境。

贞元二十一年（公元 805 年），李适去世，享年六十四岁，在位二十七年，谥号神武孝文皇帝，庙号德宗，葬于崇陵。善属文，尤工于诗。《全唐诗》录有其诗。

根据《旧唐书史》记载，李适是大历十四年（公元 779 年），正式即位。继位当年他就面谕朝臣，要他们把"剑南烧春"是否上贡的问题，当作一桩国家大事来讨论。

《旧唐书·卷十二》："剑南岁贡春酒十斛，罢之"。也就是说，在大历十四年以前，剑南道每年要向唐室宫廷进贡十斛春酒（即每年贡剑南烧春酒约 1200 斤）。

唐德宗李适在即位之初，实施革新，坚持信用文武百官，严禁宦官干政，任用杨炎为相，废除租庸调制，改行"两税法"，颇有一番中兴气象。他诏告天下，停止诸州府、新罗渤海岁贡鹰鹞。又隔了一天，李适又诏山南枇杷、江南柑橘每年只许进贡一次以供享宗庙，其余的进贡一律停止。几天后，他连续颁布诏书，宣布废止南方一些地方每年向宫中进贡奴婢和春酒、铜镜、麝香等；禁令天下不得进贡珍禽异兽，甚至规定银器不得加金饰。

为了彰显自己的决心，他又下令将文单国（今老挝）所献的三十二头舞象，放养到荆山之阳；对那些专门供应皇帝狩猎的鹰犬更是统统放出。同时，还裁撤了梨园使及伶官之冗食者三百人，需要保留者均归属到太常寺。为了显示皇恩浩荡，他诏令放出宫女百余人。在生日时，又拒绝各地的进献，并将藩镇李正己、田悦所的三万匹缣全归度支，以代赋。李适的作为，的确显示出新君登基以后厉行节约的新气象。

江奎艺术博物馆藏唐代银鎏金莲花吉祥纹大酒壶（传世）

从这段历史记载更进一步说明：在唐代"剑南烧春"是唐代主要的宫廷贡酒，是唐官大家都爱喝的贡酒。不然为什么新皇帝一上台就专门作为是否进贡的大事叫朝臣当作一桩国家大事来讨论呢？同时，还说明了当时的"剑南烧春"酒价贵，不然，为什么要下圣旨"剑南岁贡春酒十斛，罢之"呢？

唐德宗皇帝虽然实施革新，但由于措施不力，用人不当，所以在他执政期间，大小叛乱此起彼伏。在这种情况下，唐德宗决定实行文治，开展一场新文化运动，企图通过革新文学来革新政治。

说起唐德宗的文治新文化运动，还有一个两个有趣的故事。

第一、"福星"来历的有趣故事：

唐朝皇帝坐拥天下后，大概是听说道州侏儒曾给前朝的皇宫带去了不少快乐，所以也要求道州每年进贡一名侏儒。**唐朝大诗人白居易还专门为之写了一首诗："道州民，多侏儒，长者不过三尺余。市作矮奴年进送，号为道州任土贡。"**

道州向朝廷进贡侏儒，在唐朝之前的隋朝就已成为一种惯例。**冯梦龙《醒世恒言》**中记载："道州贡矮民王义，眉目浓秀，应对敏捷，帝尤爱之。"意思是说，在隋炀帝时期，皇宫里有一个叫王义的道州侏儒，人比较机灵，能说会道，颇受皇帝喜欢。正是因为道州出了这个王义，"道州侏儒"从此成了著名的太监品牌。

可是，道州怎么会有那么多侏儒呢？原来，道州进贡朝廷的侏儒并非天生矮小，而是人为制造出来的。为了向朝廷进贡侏儒，无良的道州地官员竟然将一些

福星阳成

原本发育正常的儿童，置身于陶罐中，只露出头部，由专人供给饮食，用这种残酷手段专门制造畸形侏儒。人"造"侏儒显然是一种伤天害理的事可道州百姓敢怒不敢言。**直到唐德宗时期，道州刺史阳城，冒死向唐德宗进谏，要求取消进贡侏儒。**皇帝看了阳城的奏折后，可能也觉得"人造"侏儒确实有点过分，于是正式废除了这一进贡。体恤百姓的官员自然会受到老百姓的爱戴。白居易《道州民》诗中说，后来道州百姓始终不忘阳城的恩德，男儿取名字时，都喜欢以"阳"作为字。为了纪念阳城，道州百姓还专门修建了一座"福星祠"纪念，说阳城是天上福星在人间的化身。这也是绵竹年画中三星高照 "福星"的人文文化内涵。他是中国历上一个真实的人民好官。

绵竹年画三星高照的"福星"就是阳城

白居易《道州民》

道州民，多侏儒，长者不过三尺余。市作矮奴年进送，号为道州任土贡。任土贡，宁若斯？不闻使人生别离，老翁哭孙母哭儿！一自阳城来守郡，不进矮奴频召问。城云："臣按《六典书》，任土贡有不贡无。道州水土所生者，只有矮民无矮奴。"吾君感斯玺书下，岁贡矮奴宜悉罢。道州民，老者幼者何欣欣！父兄子弟始相保，从此得作良人身。道州民，民到于今受其赐，欲说使君先下泪。仍恐儿孙忘使君，生男多以阳为字。

这首诗通过道州废除进贡"矮奴"恶例的描写，歌颂了刺史阳城为民请命的精神，也说明了唐德宗是一个善于纳谏的好皇帝。

隋唐时期侏儒文物

唐德宗实行文治，纳五个文学姐妹花为妾的故事

第二、唐德宗想实行文治，这时候，唐朝文学家宋廷芬的五个女儿进入了唐德宗李适的视野。

宋廷芬饱受儒学浸润，文学造诣很深，有其父必有女，宋廷芬的五个女儿，个个貌美如花，才思敏捷。这五个才貌双全的女儿也像父亲一样，将心思全都放在追求学问上，她们想凭借出色的文学造诣为家争光，为此，她们还发誓终身不嫁。唐德宗听闻了五个貌美如花的文学姐妹的大名，便将五姐妹纳入宫中，皇帝的话不敢不听。因此五姐妹也只好放弃了自己的理想，进了皇宫。据史料记载，唐德宗李适经常与宋氏五姐妹探讨诗文，彼此之间经常唱和，为了将宋氏五姐妹与后宫的其他女子区分开，李适不把她们纯粹看作伺候皇帝睡觉的宫妾，而是别出心裁地称她们为"学士"。何为学士？学士本是一种官名，一般只有男子才能担任，唐德宗把这五姐妹称作学士，可见皇帝对五姐妹才女的重视。唐德宗为了倡导文治，经常和臣下诗酒唱和，而每当这种时候，五姐妹经常一起出现。唐德宗这样做，有两个目的，其一是继续发挥文章的粉饰功能，其二是推广传统的礼乐教化。

江奎艺术博物馆藏唐宋时期银鎏金盛酒器一对

151

二十一、晚唐大诗人吴融与绵竹酒

吴融：晚唐大诗人，生于唐宣宗大中四年（公元850年），卒于唐昭宗天复三年（公元903年），享年五十四岁。他生于晚唐后期，是整个大唐帝国走向灭亡的见证者之一。

吴融也是道教研究学者和爱酒之人，他对道教研究颇深，《全唐文》中收录了一篇他为唐昭宗所写祈求国泰民安的道教祷告文："维光化四年岁次辛酉正月乙酉朔十五日己亥，皇帝臣稽首大圣祖高上大道金阙元元天皇大帝。伏以时当献岁，节及上元。爰命香火道人，烟霞志士，按科仪于金阙，陈斋醮于道场。伏愿大鼓真风，潜垂道荫。俾从反正，永保无虞。四海九州，干戈偃戢。东皋万亩，皆获丰登。冀与兆人，同臻介福。谨词。"

以他为代表的一批晚唐诗人不再具有盛唐诗人的豪迈潇洒，也失去了中唐诗人勇于抗争的革命精神，他们转而关心自身，或消极避世，**游历名山大川，或纵情歌酒**。

万里投荒已自哀，高秋寓目更徘徊。

浊醪任冷难辞醉，黄菊因暄却未开。

上国莫归戎马乱，故人何在塞鸿来。

江奎艺术博物馆藏唐代黑釉酒字罐

惊时感事俱无奈，不待残阳下楚台。

这是他被贬第二年**欲饮酒以自宽，但冷酒入愁肠难辞一醉**；想佳节登高赏菊，但天气温暖菊花未开不得观赏留下的千古诗篇，表现诗人遭逢人生失意，漂泊异乡，遇佳节难以接遣的凄凉悲哀之情。

吴融，不仅是名重一时的晚唐诗人，也是唐末时期少有的集高官职、出众才华于一身的诗人。彼时的唐王朝战乱频频，吴融虽然在朝堂身居高位，却无力匡扶社稷。

唐僖宗文德元年（公元888年）到唐昭宗大顺二年（公元891年），刚刚踏入仕途的吴融被朝廷派往成都，协助韦昭度平定叛乱，结果无功而返。在蜀地的三年时间，吴融看到了唐王朝统治日渐式微，体会到藩镇割据带来的危害，创作了不少思乡之情和亡国之忧的诗歌。

江奎艺术博物馆藏唐宋时期凤猴皮囊酒壶。（银鎏金）

《绵竹山四十韵》就是其中之一，该诗寄托出希望为朝廷立功的抱负，并且希望功成名就后隐居世外，不再过问世事。他对洞天福地的绵竹寄寓了深深的情怀和向往，纵情高歌，醉饮绵竹酒时写下的千古名篇。

此诗对研究唐代历史文化、绵竹酒文化和大诗人吴融宦海浮沉的一生，具有十分重要的历史文学价值。

绵竹山四十韵
唐·吴融

绵竹东西隅，千峰势相属。峻嶒压东巴，连延罗古蜀。

方者露圭角，尖者钻箭簇。引者蛾眉弯，敛者鸢肩缩。

尾蟉青蛇盘，颈低玄兔伏。横来突若奔，直上森如束。
岁在作噩年，铜梁摇虿毒。相国京兆公，九命来作牧。
戎提虎仆毛，专奉狼头纛。行府寄精庐，开窗对林麓。
是时重阳后，天气旷清肃。兹山昏晓开，一一在人目。
霜空正沉寥，浓翠霏扑扑。披海出珊瑚，贴天堆碧玉。
俄然阴霾作，城郭才霡霂。绝顶已凝雪，晃廊开红旭。
初疑昆仑下，天矫龙衔烛。亦似蓬莱巅，金银台叠嶂。
紫霞或旁映，绮缎铺繁褥。晚照忽斜笼，赤城差断续。
又如煮无盐，万万盆初熟。又如濯楚练，千千匹未轴。
又如水晶宫，蛟螭结川渎。又如钟乳洞，电雷开岩谷。
丹青画不成，造化供难足。合有羽衣人，飘飖曳烟躅。
合有五色禽，叫啸含仙曲。根虽限剑门，穴必通林屋。
方诸沧海隔，欲去忧沦覆。群玉缥缈间，未可量往复。
何如当此境，终朝旷遐瞩。往往草檄余，吟哦思幽独。
早晚扫欃枪，筲鼓迎畅毂。休飞霹雳车，罢系虾蟆木。
勒铭燕然山，万代垂芬郁。然后恣逍遥，独往群麋鹿。
不管安与危，不问荣与辱。但乐濠梁鱼，岂怨钟山鹄。
纫兰以围腰，采芝将实腹。石床须卧平，一任闲云触。

二十二、北宋著名的道士、画家、酿酒家、音乐家、医学家杨世昌与绵竹酒

杨世昌字子京，（公元 12 世纪）金代道士，善画人物、山水，北宋时期绵竹武都山严仙观道长、画家、鼓琴家、酿酒专家。

杨世昌以教苏东坡酿蜜酒，与苏东坡两次游赤壁闻名于天下。杨世昌铸就了苏东坡的文学辉煌。

众所周知，苏东坡的文学高峰是《前后赤壁赋》和《赤壁怀古词》，**但苏东坡的文学辉煌有绵竹杨世昌一份功劳是鲜为人知的。**

笔者研究认为，苏东坡的文学名篇《前后赤壁赋》和《赤壁怀古词》是苏东坡的文学天才和绵竹杨世昌用凄凉的洞箫吹出来的；用富有哲理的

杨世昌像

行为和语言伴出来的；用绵竹蜜酒醉出来的。（理由后述）。杨世昌还铸就了苏东坡的政绩辉煌

据中国人民大学教授、苏轼研究专家、电视剧《苏东坡》编剧冷成金的研究：苏东坡在杭州任知州时，因为西湖水污染，导致了数万百姓患瘟疫，苏东坡办起了中国首家公办民助医院——"安乐坊"，苏东坡请杨世昌作为主治医师。杨世昌用他的"圣散子"药方，救活了数万人的生命。苏东坡办的"安乐坊"因此被宋代普遍推广。

苏东坡问杨世昌大瘟疫发生的原因是什么？杨世昌通过调查研究回答："是西湖污染所至"，苏东坡就开始了全面治理西湖的工作。西湖的千年美景"苏堤春晓""三潭映月"就是那时产生的。

杨世昌是中国历史上记载的著名酿酒专家。

他继承严君平酿酒技艺，酿成的"杨世昌蜜酒"被作为独特的酿酒法收于宋人编写的《续北山酒经》；

南宋祝穆编撰《方舆胜览》中称"鹅黄乃汉州酒名，蜀中无能及者"，而宋代的汉州正包括绵竹。专家认为"鹅黄酒"就是杨世昌蜜酒。因为蜜酒的颜色是幼鹅色，所以叫鹅黄酒。

苏堤春晓

元代宋伯仁编的《酒小史》将杨世昌酿出的蜜酒列为名酒之中。明代徐炬《酒谱》中记载："西蜀道士杨世昌造蜜酒。"

杨世昌酿造的**鹅黄蜜酒**，为中国文学史和中国酒文化史留下了千古美谈：北宋大文学家苏轼与绵竹道士杨士昌的千古酒话，南宋大诗人陆游的《剑南诗稿》等许多文坛佳话。

现在绵竹九香春酒业聘请著名的酒文化、酒体设计、酿造专家，在挖掘继承汉代严君平的酿酒技艺、宋代杨世昌教苏东坡酿蜜酒的酿酒技艺的基础上，结合现代科技，研发酿出的"蜜柔香型"、"竹福"、"竹禧"、"九香春"、"蜜柔"、"醉乡仙老"蜜柔系列美酒，深深地吸引了饮者穿越、感受千年美酒口感，在各种香型美酒中领异标新，别具一格，受到了饮者的普遍好评。

杨世昌是中国历史上著名的大画家。

他画的《崆峒问道图》，是五代以来中国唯一的一幅著名道士画，是国宝级的书画文物。现珍藏在北京故宫博物院。

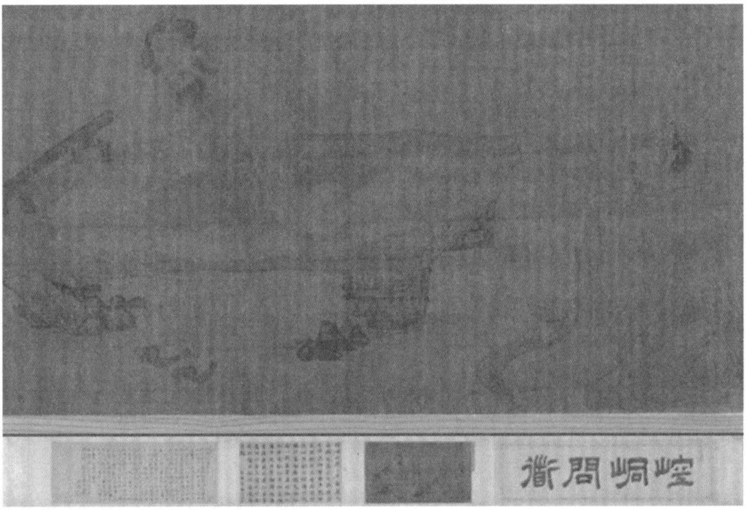

杨世昌《 崆峒问道图》现藏于故宫博物院（国宝）

《崆峒问道图》是绢本设色，纵 28.2 厘米，横 49.5 厘米，描绘的是轩辕黄帝访仙人广成子于甘肃崆峒山，询问成仙之术的传奇故事。画中一石榻，上设木几，前铺兽皮，一长髯仙人斜坐榻上睨目倾听，右下跪一朱衣王者，执笏陈辞，诚恳严肃。该画人物刻画细腻，衣纹作游丝描，轻和流畅，格调高古。

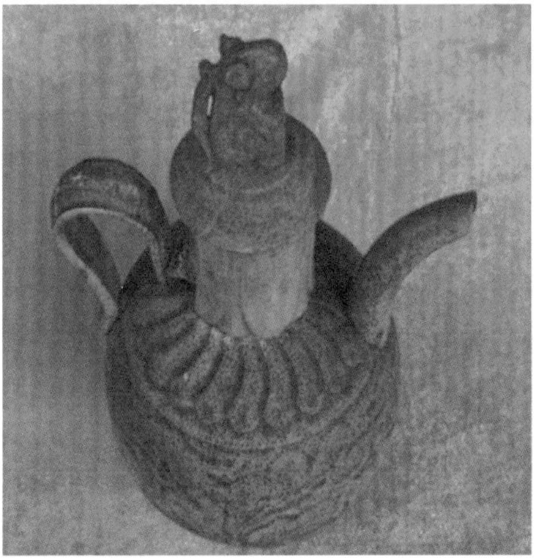

江奎艺术博物馆藏宋代羊首瓷酒壶

绵竹武都山道士杨世昌教苏东坡酿蜜酒，不仅为绵竹酒文化做出了巨大的贡献，而且为《中国酒文化史》《中国文学史》《中国艺术史》以及世界文化、千年中国经济、旅游都做出了巨大贡献。

根据《苏东坡全集》的记载，苏东坡一共为杨世昌写了三首诗（后在苏东坡与绵竹酒述之）、两个贴子、一篇杂著。这在《苏东坡全集》中有明确的记载。

苏东坡诗云："**杨生自言识音律，洞箫入手清且哀。**"

苏史专家一致认为《前赤壁赋》中云："客有吹洞箫者"的"客"，就是绵竹武都山道士杨世昌。杨世昌在教会苏东坡酿蜜酒后，他们一起去游赤壁。

为什么说是杨世昌用富有哲理的语言、哀婉的洞箫，在杨世昌教苏东坡酿好的绵竹蜜酒的醉意下，写下的《前赤壁赋》和《后赤壁赋》以及《念奴娇赤壁怀古》词，铸就了苏东坡的文学高峰呢？ 笔者观点从苏东坡的《前赤壁赋》文中就可以说明：

1、**杨世昌哀婉的洞箫：**"客有吹洞箫者，倚歌而和之。其声呜呜然，如怨如慕，如泣如诉，余音袅袅，不绝如缕。舞幽壑之潜蛟，泣孤舟之嫠妇。"（前赤壁赋句）

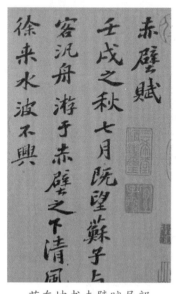

苏东坡书赤壁赋局部

2、**杨世昌富有哲理的语言：**"苏子愀然，正襟危坐而问客曰："何为其然也？"客曰："月明星稀，乌鹊南飞，此非曹孟德之诗乎？西望夏口，东望武昌，山川相缪，郁乎苍苍，此非孟德之困于周郎者乎？方其破荆州，下江陵，顺流而东也，舳舻千里，旌旗蔽空，酾酒临江，横槊赋诗，固一世之雄也，而今安在哉？况吾与子渔樵于江渚之上，侣鱼虾而友麋鹿，驾一叶之扁舟，举匏樽以相属。寄蜉蝣于天地，渺沧海之一粟。哀吾生之须臾，羡长江之无穷。挟飞仙以遨游，抱明月而长终。知不可乎骤得，托遗响于悲风。"（赤壁赋句）

3、绵竹蜜酒的醉意："飘飘乎如遗世独立，羽化而登仙。""相与枕藉乎舟中，不知东方之既白。"（赤壁赋句）

总结：苏东坡想借用杨世昌富有哲理的语言、行为、借用凄凉的洞箫和绵竹酒的醉意，表达他本有忠君报国平天下的理想和才能，但他不受朝廷重用，差点被杀头的痛苦心理。然而通过杨世昌富有哲理对话的启迪，在凄凉洞箫的感召下，在绵竹酒的醉意下，产生了一种旷达的人生态度。"飘飘乎如遗世独立，羽化而登仙之感"。这是杨世昌铸就苏东坡写《前赤壁赋》的原因。

4、关于《念奴娇赤壁怀古》词：

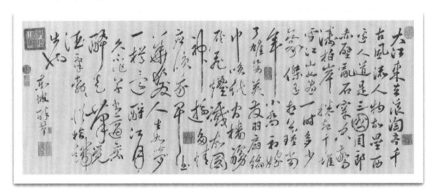

依据宋代大学者傅藻《东坡纪年录》的记载：

"元丰五年壬戌先生四十七岁（七月）既望，泛舟于赤壁之下，作《赤壁赋》，又怀古作《念奴娇》。"

这个说法已经得到苏词研究专家的普遍认同，所以按宋人傅藻的说法，苏东坡第一次游赤壁时，是在杨世昌富有哲理的对话和凄凉的洞箫感召下，在绵竹美酒的醉意下写成的，也是不争的史实。回到家中，苏东坡乘绵竹酒的醉意就写下了草书《念奴娇赤壁怀古》这篇千古绝唱。

《苏东坡全集》贴子一，"贴赠杨世昌道士"："仆谪居黄州，绵竹武都山道士杨世昌子京，自庐山来余，其人善画山水，能鼓琴，晓星历骨色及作轨革卦影，通知黄白药术，可谓艺矣。明日当舍余去，为之怅然。浮屠不三宿桑下，真有意也。元丰六年五月八日，东坡居士书。"

这个记载说明：

杨世昌是绵竹人，元丰五年（公元 1082 年）5 月，云游四方的绵竹武都山道士杨世昌从庐山到黄州专程去看望老朋友苏东坡，与杨世昌同去看望苏东坡的还有宋代大书画家米芾，这在米芾的《画史录》中有明确的记载，在《苏东坡全集》中也有明确的记载。元丰六年五月八日杨世昌才离开苏东坡，与苏东坡在黄州呆了一年之久。

苏东坡认为杨世昌是多才多艺，道法高深之人，离开他，东坡的心情很依依不舍。

江奎艺术博物馆藏宋代菊花金质酒碗（回流）

《苏东坡全集》贴子二："孤鹤贴"。

"孤鹤贴"的记载："十月十五日夜，与杨道士泛舟赤壁，饮醉，夜半有一鹤自江南来，翅如车轮，嘎然长鸣，掠余舟而西，不知其为何祥也"

此贴清楚说明了《后赤壁赋》也是绵竹杨世昌与苏东坡第二次游赤壁时，在蜜酒的醉意下写成的。

《后赤壁赋》节选："于是携酒与鱼，复游于赤壁之下。江流有声，断岸千尺；山高月小，水落石出。曾日月之几何，而江山不可复识矣。"……"时夜将半，四顾寂寥。适有孤鹤，横江东来。"……"须臾客去，予亦就睡。梦一道士，羽衣蹁跹，过临皋之下，揖予而言曰："赤壁之游乐乎？"问其姓名，俯而不答。"呜呼！噫嘻！我知之矣。畴昔之夜，飞鸣而过我者，非子也邪？"道士顾笑，予亦惊寤。开户视之，不见其处。"

《后赤壁赋》写杨世昌变为孤鹤，一身羽衣道士，向他躬身行礼，问之又笑而不答，开门又不见了，表达了苏东坡感到出世入仕之艰难，以及感到前途渺茫的心理。所以说是杨世昌铸就写成的。

杨世昌陪伴了苏东坡一年时间，除了教苏东坡用两种方法酿蜜酒，与苏东坡两次游赤壁外，还与苏东坡一起喝杨世昌教他酿的绵竹蜜酒，醉了写了另外几首诗词。例如：

"夜饮东坡醒复醉，归来仿佛三更。家童鼻息已雷鸣。敲门都不应，倚杖听江声。长恨此身非我有，何时忘却营营。夜阑风静縠纹平。小舟从此逝，江海寄余生。"

这首词也是苏东坡作于黄州被贬的第三年，即公元 1082 年（宋神宗元丰五年）九月，正是杨世昌与苏东坡前后两次游赤壁的时间，他们一起醉饮绵竹蜜酒写成的。

苏东坡的书法，被称为中国书法第三行书的《寒食帖》，也是在绵竹杨世昌陪伴的日子里，醉饮之后写成的。

苏东坡《寒食帖》

在绵竹杨世昌陪伴大文豪苏东坡的日子里，笔者认为他们更多的时间是在一起研究《易经》。理由有三点：

第一、 据史书记载，苏东坡被贬黄州时，在耕作之余，正在写《东坡易传》一书。他是为了继承其父苏洵的遗志，苏洵生前写了一本《易传》，未完成就去世了，遗志要苏轼、苏辙完成，**所以笔者认为杨世昌与苏东坡在一起更多的时间是在研究《周易》。**

第二、古籍记载，杨世昌是苏东坡在易学方面最好、最佩服的朋友，他有时间、有能力与东坡切磋《周易》。苏东坡评价杨世昌是多才多艺之人、道大才高之人，他们都是易学高人，有同样爱好，所以，笔者认为更多的时间他们在一起切磋研究《周易》。

第三、苏史专家公认，苏东坡是儒、释、道全精通的大家，他的文章诗词大多都包含有儒、释、道的精神实质，这也是苏东坡被评为"世界千年英雄——中国四大名人之一"的主要原因，又特别是他的"一词二赋"更具有儒、释、道思想，所以成为了他的代表作。

在佛学方面：苏东坡认为最好、最佩服的高僧是佛印，东坡还在黄州供了他的像，至今可见。

江奎艺术博物馆藏宋代酒壶四个

二十三、北宋大文豪苏东坡与绵竹酒

苏轼（1037年1月8日-1101年8月24日），字子瞻、和仲，号铁冠道人、东坡居士，世称苏东坡、苏仙，汉族，眉州眉山（今四川省眉山市）人，北宋著名文学家、书法家、画家、美食家、历史治水名人、"唐宋八大家"之一、世界千年英雄。

苏轼是北宋中期文坛领袖，在诗、词、散文、书、画等方面取得很高成就。与黄庭坚并称"苏黄"；词开豪放一派，与辛弃疾同是豪放派代表，并称"苏辛"；散文著述宏富，豪放自如，与欧阳修并称"欧苏"，为"唐宋八大家"之一。苏轼善书，"宋四家"之一；擅长文人画，尤擅墨竹、怪石、枯木等。

北宋元丰二年（公元1079年）七月，身为湖州知州的苏轼因"乌台诗案"被御史弹劾，从湖州押到京城开封入狱，差点被判处死刑。（"乌台诗案"："乌台"及御史台，相当于今天的纪检监察部门。因御史台官署内有很多柏树，柏树上有很多乌鸦，所以叫"乌台"）。"乌台诗案"是北宋年间的一场文字狱。苏轼原来在朝廷为官，是宰相王安石的手卜，因与王安石政见不合，被逼下放到地方为官，苏轼在湖州做知州的实践中感到王安石新法确实有些问题，就在诗歌中有所讽刺，被监察御史告发，后在御史台受审，经多方营救，包括皇太后和已退休的政敌王安石都出面营救，再加上宋太祖赵匡胤临终时定下的非谋反不杀士大夫的规矩，于是宋神宗传旨从轻发落，被贬为湖北黄州当团练副使（相当于县民兵组织副职，宋代文人地位高，即使犯了罪也有一个虚职），不得签署公事。

苏东坡名字的由来：

元丰三年（公元 1080 年）正月初一，全国都在欢庆新年之中，45 岁的苏轼在御史差人的押解下，凄凉的赶赴黄州。

黄州东坡赤壁

元丰四年初，跟随他多年的好友马正卿十分同情他的遭遇，特向黄州知州徐君猷申请一点土地耕耘，解决苏轼一家人的饥寒。徐君猷也同情苏轼的境遇，就将黄州城内废弃了多年的数十亩练兵场交给他亲自耕耘自食其力，营地叫"东坡"，苏轼又有感于自己最喜爱的唐代大诗人白居易被贬忠州时一个叫东坡的地方，可以种花种树，便将自己的别号改为"东坡居士"，这就是苏东坡名字的由来。

元丰五年（公元 1082 年）5 月，云游四方的绵竹武都山道士杨世昌从庐山到黄州提绵竹蜜酒专程去看望老朋友苏东坡，与杨世昌同去看望苏东坡的还有宋代大书画家米芾，这在米芾的《画史录》中有明确的记载，在《苏东坡全集》中也有明确的记载。

杨世昌何时在那里与苏东坡相识成为好朋友的，史书上没有明确记载。

笔者认为他们是在绵竹严仙观论道饮酒成为好朋友的，理由有四：

第一、苏东坡的老家眉山离绵竹很近，之前的很多大文豪都来过绵竹

武都山，所以他也要来绵竹。

绵竹在战汉时期就有名了，汉代大文学家扬雄在绵竹武都山君平庄跟严君平学道酿酒，因写了一篇《**绵竹颂**》被朋友推荐一夜之间就成为朝廷高官。到了唐代，"初唐四杰"之一的王勃来过绵竹武都山，写过"**武都山净慧寺碑铭**"。诗圣杜甫也来过绵竹，写过**觅绵竹的诗**。诗仙李白也在绵竹留下了**"解貂赎酒"**的佳话。还有唐代大诗人吴融来武都山，写下了《**绵竹山四十韵**》等，所以苏东坡一定也来过绵竹武都山与道长杨世昌成为好朋友的，不然为什么杨世昌要千里迢迢从庐山到黄州去看望一个不相识的人呢？

第二、苏轼一家都信奉道教，**绵竹是道教文化的发源地之一，是中国早期道教遗迹最多的地方。**

苏东坡的两个启蒙老师都是道教名士，他少年时代就差点两次出家当道士。绵竹是张天师所建道教"三十六靖庐"之"第一庐"——"绵竹庐"，严仙观也属"三十六靖庐"之一，又是大道学家严君平的治学、修道、升仙之地；杨世昌也是著名的道学家，又是严仙观的道长，所以很有可能苏轼就在严仙观与杨世昌饮酒、论道、吟诗、赏画，

成为好朋友的。

第三、苏东坡十分喜欢饮酒，绵竹酒在汉代之前就有名了。

严君平和他的父亲严子郡都是严仙观的酿酒大师，杨世昌是著名的酿酒家，宋代严仙观的蜜酒继承了严君平的酿造方法，是非常有名的，当时的《续北山酒经》都记载了杨世昌独特的酿酒法，所以，苏东坡有可能是在严仙观认识了酿酒专家杨世昌的。

第四、绵竹因多竹而命名，又产一种独特美丽的"绵竹"。苏东坡是画竹子的大画家，他的绘画老师和表哥文同是盐亭人距绵竹也很近，也是以画竹而闻名天下的大家，文同来过绵竹且留下了诗文，这是在《绵竹县志》上有记载的，**按现在的说法，他们一定是在绵竹写生、采风，与同样是大画家的杨世昌切磋技艺，所以他们应该是在绵竹成为好朋友的。**

杨世昌到黄州后，看到苏东坡当时十分贫困潦倒，心情也非常不好，

东坡醉酒

深知苏东坡好酒，杨世昌就先请苏东坡品尝他亲自酿的绵竹蜜酒，苏东坡感觉特别好喝，**杨世昌就教他酿绵竹蜜酒，东坡为了答谢杨世昌，专门写了《蜜酒歌》赠给杨世昌，在《苏轼全集》和《绵竹县志》都有明确记载。**

蜜酒歌（并叙）

苏轼

西蜀道士杨世昌，善作蜜酒，绝醇酽。

余既得其方，作此歌遗之。

真珠为浆玉为醴，六月田夫汗流泚。

不如春瓮自生香，蜂为耕耘花作米。

一日小沸鱼吐沫，二日眩转清光活。

三日开瓮香满城，快泻银瓶不须拨。

百钱一斗浓无声，甘露微浊醍醐清。

君不见南园采花蜂似雨，天教酿酒醉先生。

先生年来穷到骨，问人乞米何曾得。

世间万事真悠悠，蜜蜂大胜监河侯。

苏东坡的《蜜酒歌》是研究绵竹宋代酒文化和中国酒文化的重要史料。也是研究苏东坡被贬黄州的重要史料。

苏东坡赞美了绵竹蜜酒是"三日开瓮香满城"的美酒。

《蜜酒歌》还揭示了苏东坡元丰五年（1082年）5月，刚贬黄州两年的贫困生活。为什么杨世昌教苏东坡用蜂蜜酿蜜酒呢？苏东坡在《蜜酒歌》诗中说："先生年来穷到骨，问人乞米何曾得。世间万事真悠悠，蜜蜂大胜监河侯"。

"监河侯"是苏东坡用典。见《庄子·外物》："庄周家贫，故往贷粟于监河侯。（侯）曰：'诺。我将得邑金，将贷子三百金，可乎？'"苏轼贬官黄州"穷到骨"，

向人求助，就像庄子寓言中所说的一样，向监河侯求助一样无用。故谓"蜜蜂大胜监侯"。

《庄子·外物》译文**说明了杨世昌开始用蜂蜜教苏东坡酿蜜酒的原因**。

译文：庄周家境贫寒，所以就找监河的官去借粮。监河官说："好，我将要得到封地的租金，那时我借给你三百钱，可以吗？"庄周气得脸都变了颜色地说："我昨天来的时候，听到有人在道路中间呼唤。我到处看，发现车轮印里有条鲫鱼在那儿。"我问它："鲫鱼！你是什么原因来到这里的呢（你是何人）？"鲫鱼回答说："我是海神的臣子，您有一点水来救活我吗？"我说："好，我将往南去拜访吴越的君主，引西江的水来迎接你，怎么样？"鲫鱼生气得脸色都变了，说："我失去了我常呆着的水，没有地方安身，我只要一点水就能活了，你竟然这样说，干脆不如早点到卖干鱼的店里去找我吧。"

苏东坡是用典故说明，他太穷、一家人全靠在东坡的废弃练兵场开垦荒地度日，五、六月份青黄不接，吃饭都没有米，哪有粮食酿酒呢？所以杨世昌一去只教他用蜂蜜酿蜜酒。

在《苏轼全集》中还记载了两首苏东坡与绵竹酒文化有关的诗，赞绵竹蜜酒。诗云：

江绪奎草书苏东坡诗赞绵竹酒

巧夺天工技已新，酿成玉液长精神。

迎宾莫道无佳物，蜜酒三杯一醉君。

苏东坡赞绵竹美酒是"巧夺天工"的技艺，称绵竹酒是喝了长精神的琼浆玉液，是待客的最佳美酒。

苏东坡写的另一首是写杨世昌从万里之遥来看望他并一起醉游赤壁。

169

《次韵孔毅父久旱已而甚雨三首》

苏 轼

天公号令不再出，十日愁霖并为一。

君家有田水冒田，我家无田忧入室。

不如西州杨道士，万里随身惟两膝。

沿流不恶泝亦佳，一叶扁舟任飘突。

山芎麦麹都不用，泥行露宿终无疾。

夜来饥肠如转雷，旅愁非酒不可开。

杨生自言识音律，洞箫入手清且哀。

不须更待秋井塌，见人白骨方衔杯。

东坡赤壁醉酒文化艺术墙（江绪奎、江淼创作）

此诗进一步说明了绵竹杨世昌与苏东坡的深厚友谊和醉游赤壁的历史史实。

在当年秋收以后杨世昌又用粮食教苏东坡酿蜜酒。苏东坡也作了记载，至今保留在《苏东坡全集》之中。此记载，说明了杨世昌是用了蜂蜜和粮食两种方法教苏东坡酿蜜酒。

《蜜酒法》摘抄：予作蜜酒，格味与真一相乱。每米一斗，用蒸饼面二两半，如常法取醅液，再入蒸饼面一两酿之……（略）

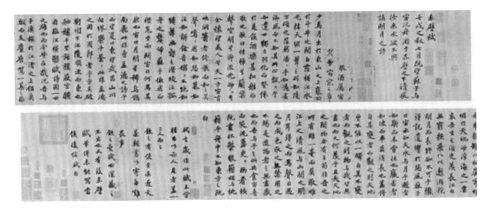

苏东坡前赤壁赋

　　杨世昌传授给苏东坡蜜酒酒方、苏东坡会酿蜜酒之后，同年 7 月 15 日他们就一起又去游赤壁，苏东坡在绵竹蜜酒的醉意下、在杨世昌哀婉洞箫和富有哲理语言的感召下，他的人生观、世界观都得到了升华，**"飘飘乎如遗世独立，羽化而登仙之感"**，就这样苏东坡写下了千古名篇《前赤壁赋》。回到家后在醉意中又写下了《**念奴娇·赤壁怀古**》时隔三个月苏东坡与杨世昌又第二次游赤壁，在蜜酒的醉意下苏东坡又写下了千古名篇《后赤壁赋》。

　　杨世昌教苏东坡酿酒与苏东坡两次游赤壁，苏东坡在**杨世昌富有哲理的语言、行为的启迪下、在杨世昌凄凉的洞箫感召下，在绵竹蜜酒的醉意下，产生了一种旷达的人生态度。"飘飘乎如遗世独立，羽化而登仙之感。"**写下了千古名篇《前后赤壁赋》和《念奴娇·赤壁怀古》词，千年以来，在中国和世界产生了巨大的影响，为中国和世界经济、文化、艺术、旅游、酒文化等做出了不可估量的贡献。

1、对中国酿酒业的巨大影响：

杨世昌教苏东坡酿蜜酒，苏东坡用杨世昌酿酒法，在被贬官处，结合当地特产又酿了十多种其他酒：

（1）、用柑橘酿"橘子酒"；（2）、用桂圆酿"桂酒"；（3）、用荔枝酿酒名为"紫罗衣"。（4）、用松膏酿酒，取名"中山松醪"；（5）、用椰子酿酒；（6）、糯米酿酒取名"罗浮春、万家春"。（7）、用米麦水三者酿造"真一酒"；（8）、用糯米酿成有药性的米酒——天门冬酒等

北宋末期的《北山酒经》记载："宋代，饮用白酒者不多，倒是黄酒、药酒和果酒比较流行。"苏东坡还写了《东坡酒经》专书，都是在杨世昌教他酿蜜酒的基础上的发展和总结，以及咏"竹叶酒""洞庭春""真一酒""蜜酒""桂酒""松花酒"等诗作，都可以直接视为酿酒史料，留给我们一份珍贵的酒文化。

杨世昌教苏东坡酿蜜酒、游赤壁，助就苏东坡写下的"一词二赋"为中国和世界酒文化做出了巨大的贡献。对江浙黄酒、日本清酒都产生了巨大影响。

2、杨世昌教苏东坡酿蜜酒、游赤壁，助就苏东坡写下的"一词二赋"在世界的影响：

据湖北省黄冈市赤壁管理副研究馆员、《三国演义》学会理事、中国苏轼研究学会理事王琳祥在《苏东坡谪居黄州》一书中研究：**日本、韩国每年 7 月 15 日都要举办赤壁游会。**

日本每年 7 月 15 日举办赤壁游会 感受苏东坡与杨世昌游赤壁的文人风流。

韩国每年 7 月 15 日在汉江举行的赤壁游会 感受苏东坡与杨世昌游赤壁"羽化而登仙之感"。

《世界报》举办的全球民意调查中，评选影响世界一千年的十二位"千年英雄"，中国只有四大名人：秦始皇、康熙皇帝、毛泽东和苏东坡。只有**苏东坡**一个是文学家，其他两个帝王和伟大领袖毛主席。他是在中国几千年的历史中，**综合能力排在第一位的伟大文学家**，他的文学最高峰就是"一词二赋"。

2016年在中国杭州召开的20国集团国际
经济合作论坛文艺演出以"苏堤春晓"为背景

宋高宗赵构书《后赤壁赋》　元代赵孟頫书《赤壁赋》

据中国人民大学邬成金教授研究，苏东坡在杭州任知州时，杭州发生了一场大瘟疫，苏东坡问杨世昌大瘟疫发生的原因是什么，杨世昌通过调查研究回答："是西湖污染所至"，苏东坡就开始治理西湖，西湖的千年美景

"苏堤春晓""三潭映月"就是那时产生的。因为苏东坡是世界文化伟人，在杭州闭幕的 G20 峰会的文艺演出都是在西湖进行，并以苏东坡治理西湖的著名景点"苏堤春晓"为演出背景。

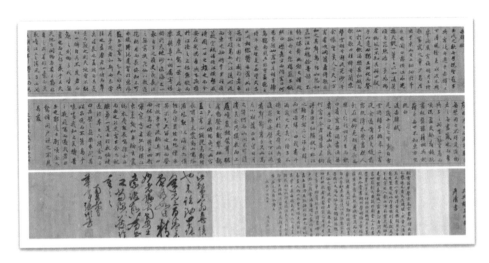

元代赵孟頫书《赤壁赋》

明代　董其昌书赤壁怀古词

明代文征明赤壁赋书画

明代仇英画苏东坡与杨世昌游赤壁

傅抱石画苏东坡与杨世昌游赤壁赋　　毛泽东书苏东坡赤壁怀古词

　　杨世昌助就苏东坡写下的 "一词二赋"对千年中国书画艺术等有不可估量的巨大贡献 。一千多年来从帝王到伟大艺术家，以"一词二赋"为内容的伟大艺术作品举不胜举，对中国文化和世界文化有不可估量的巨大影响。以上这些都是国宝级艺术品，每一件都具有极高的艺术价值和价值连城的经济价值。

　　在儒学方面：就连与他同时代的文坛盟主欧阳修都说："二十年后只知道苏轼，不知道我欧阳修了，我应该为这样有才华的青年让路！"真是苏轼的伯乐啊！就连他的政敌王安石也在文学、儒学方面欣赏他的才华。

　　绵竹还有一位与苏东坡同时代的大儒官叫杨绘，字元素，他既是苏轼的同僚上师，又是苏轼儒学方面的好朋友，他与苏轼诗词往来都有几十首之多，苏轼在杭州任通判，杨绘任知州，也与苏轼遭遇相似，几次贬官。

二十四、北宋大文豪、宰相苏辙与绵竹酒

北宋著名文学家、宰相苏辙

苏辙（1039年3月18日－1112年10月25日），字子由，一字同叔，晚号颍滨遗老。眉州眉山（今四川省眉山市）人。进士，北宋著名文学家、宰相，"唐宋八大家"之一。

苏辙青少年时期就多次与其兄苏轼和表哥文同来到绵竹武都山君平庄与杨世昌道长论道、饮酒、吟诗。在湖北黄州杨世昌教会苏东坡酿蜜酒后，苏东坡又把杨世昌教他酿蜜酒的方子抄送给胞弟苏辙，苏辙学会后，也写了两首赞美绵竹酒的诗，并将美酒和诗送给他的朋友共同品赏学习。

其一、和子瞻蜜酒歌

[宋] 苏 辙

蜂王举家千万口，黄蜡为粮蜜为酒。口衔润水拾花须，沮洳满房何不有。山中醉饱谁得知，割脾分蜜曾无遗。调和知与酒同法，试投曲糵真相宜。

江奎艺术博物馆藏　宋辽时期定窑对饮瓷塑

城中禁酒如禁盗，三百青铜愁杜老。先生年来无俸钱，一斗径须囊一倒。餔糟不听渔父言，炼蜜深愧仙人传。掉头不同辟谷药，忍饥不如长醉眠。

其 二、蜜酒送柳真公床头酿酒一年余，气味全非卓氏炉。送与幽人试尝看，不应知是百花须。

二十五、北宋大文学家秦观与绵竹酒

秦观，字少游，元丰八年（公元1085）进士。元祐初，因苏轼荐，任太学博士，迁秘书省正字兼国史院编修官。北宋文学史重要作家，秦观一生仕途坎坷。秦观善诗赋策论，与黄庭坚、晁补之、张耒合称"苏门四学士"。尤工词，被尊为北宋婉约派一代词宗。

苏东坡又把杨世昌教他酿酒的技艺传给他的弟子大文学家秦观，秦观也写了一首赞绵竹美酒的诗。诗云：

酒评功过笑仪康，错在杯中毁五粮。

蜜蜂而今酿玉液，金丹何如此酒强。

北宋大文学家秦观

秦观赞曰：喝绵竹酒"金丹何如此酒强"即：喝绵竹蜜酒比吃金丹更有利于身体健康。

绵竹市博物馆藏宋代酒器

179

二十六、北宋大文学家晁补之与绵竹酒

晁补之（1053 年—1110 年 11 月 8
日），字无咎，号归来子，济州巨野（今
山东巨野）人，北宋时期著名文学家，"苏
门四学士"（另有北宋诗人黄庭坚、秦观、
张耒）之一。晁补之曾任吏部员外郎、
礼部郎中。 工书画，能诗词，善属文。
与张耒并称"晁张"。

苏东坡同样把杨世昌教他酿酒的技
艺传给他的弟子，大文学家晁补之，晁
补之也写了一首赞绵竹美酒的诗。

次韵苏公翰林赠同职怀旧作
【宋】 晁补之

雪堂蜜酒花作醅，教蜂使酿花自栽。
堂前雪落蜂正蛰，恨蜂不采西山梅。
漫浪饮处空有迹，无酒可沃胸崔嵬。
不知几唤樊口渡，五见新历颁清台。
邓公昔叹不可挽，素衣未化京雒埃。
山中相邀阻筇杖，天上对直同金罍。
只今江边春更好，渔蓑不晒悬墙隈。
百年变化谁得料，剑光自出丰城苔。
老儒经济国势定，近臣献纳天颜开。
蜀公亭上别公处，花柳未逐东风摧。
尚容登堂谭落屑，不媿索米肠鸣雷。
因知流落本天命，何必挽引须时来。
九关沉沉虎豹静，无复极目江枫哀。

二十七、北宋大画家、大诗人文同与绵竹酒

文同（1018～1079年），字与可，号笑笑居士。北宋梓州梓潼郡永泰县（今属四川省绵阳市盐亭县）人。著名画家、诗人。宋仁宗皇祐元年（公元1049年）进士，迁太常博士、集贤校理，历官邛州、大邑、陵州、洋州（今陕西洋县）等知州或知县。元丰初年，文同赴湖州（今浙江吴兴）就任，世称文湖州。他与苏轼是表兄弟，以学名世，擅诗文书画，深为文彦博、司马光等人赞许尤受表弟苏东坡敬重。文同以善画竹著称。他注重体验，主张胸有成竹而后动

宋代著名画家、诗人文同像

笔。他画竹叶，创浓墨为面、淡墨为背之法，学者多效之，形成一派，有"墨竹大师"之称，又称之为"文湖州竹派"。"胸有成竹"这个成语就是起源于他画竹思想。

因为绵竹以盛产竹，特别是以别具一格的绵竹而誉其名。他主张深入生活，胸有成竹而后动笔。文同的家乡盐亭距离绵竹很近，他也是信道、嗜酒的大诗人，所以，他多次与表弟苏轼、苏辙一起来绵竹这个洞天福地与杨世昌道长论道、品酒、吟诗、尝竹、写生。"西门行·杨山人归绵竹"就是文同书写给好友——酿酒家、画家杨世昌道长的送别诗。

宋代 文同竹石图

西门行·杨山人归绵竹

文 同

一别江梅十度花，相逢重为讲胡麻。

火铃未降真君宅，金钮曾盟太帝家。

道气满簪凝绿发，神光飞鼎护黄芽。

青骡不肯留归驭，又入无为咽晓霞。

杨山人：即绵竹武都山道士杨世昌。**一别句：**说明杨世昌与文同是多年的朋友。**讲胡麻：**论道之意。**胡麻，**掺入胡麻（芝麻）做的饭，食之延年。**这里指代文同与杨世昌在武都山共同论道饮酒。**

这首送别诗是文同于神宗熙宁三年（1070）知陵州（今四川仁寿）期间所作。上任不久，武都山杨世昌道士去陵州看望老朋友文同。临别，文同出府相送所作。

此诗虽然未写酒，但是，从诗中可以读出文同与杨世昌一道在绵竹武都山论道、品酒、吟诗、尝竹、写生，结下的深厚友谊。

二十八、北宋大书画家米芾与绵竹酒

米芾（1051年—1107年），初名黻，后改芾，字元章，自署姓名米或为芊，时人号海岳外史，又号鬻熊后人、火正后人。北宋书法家、画家、书画理论家，与蔡襄、苏轼、黄庭坚合称"宋四家"。曾任校书郎、书画博士、礼部员外郎。祖籍山西，然迁居湖北襄阳，后曾定居润州（今江苏镇江）。能诗文，擅书画，精鉴别，书画自成一家，创立了"米点山水"。集书画家、鉴定家、收藏家于一身。其个性怪异，举止癫狂，遇石称"兄"，膜拜不已，因而人称"米颠"。宋徽宗诏为书画学博士，又称"米襄阳""米南宫"。

米芾书画自成一家，枯木竹石，山水画独具风格特点。在书法上颇有造诣，擅篆、隶、楷、行、草等书体，长于临摹古人书法，达到乱真程度。主要作品有《多景楼诗》《虹县诗》《研山铭》》《拜中岳命帖》等。

米芾《画史》《苏轼简明年谱》等古籍都有记载：神宗元丰五年（公元 1082）三月，米芾来黄州访苏轼。"米芾、董钺、绵竹道士杨世昌等来访雪堂。"

这一记载，说明了杨世昌与米芾和董钺也是朋友，所以相邀一起去看望被贬黄州的苏轼。

笔者研究，这个董钺也是绵竹杨元素（杨绘）的朋友。《杨元素本事曲叙》云："董义夫，名钺。自梓曹得罪归鄱阳，遇东坡于齐安。"董钺又字毅夫，木德兴人。治平进士。任夔

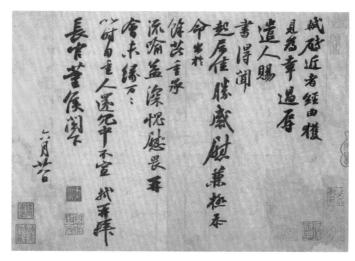

州转运使。遇事刚果，耿介不群。致仕归，过黄州，来游雪堂，有卜邻意。来游雪堂是元丰五年三月末。董钺得识东坡是由鄂州太守朱寿昌介绍的，但不到一年，董钺就病逝了。东坡在黄州《与蔡景繁尺牍》云："前日亲见许少张暴卒，数日间，又闻董义夫化去。人命催促，真在呼吸间邪，""董义夫因朱寿昌纳交于公，不一年以病没。"希望以后再聚会，然而，东坡很悲观，称"再会未缘"。这倒成了一个谶言，因为这次分手后不久，董钺便"化去"了。苏轼行书《致长官董侯尺牍》，纸本，纵 27.7 厘米，

横38．4厘米。台
北故宫博物院藏。

**释文：轼启。
近者经由。获见为
幸。过辱遣人赐书。
得闻起居佳胜。感
慰兼极。忝命出于
馀芘。重承流喻。**

**益深愧 [慰] 畏。再会未缘。万万以时自重。人还。冗中。不宣。轼再拜。
长官董侯阁下。六月廿八日。**

米芾《画史》载：**"吾（米芾）自湖南从事过黄州，初见公（苏轼）
酒酣曰：'君贴此纸壁上'。观音纸也，即起作两竹枝、一枯树、一怪石见与。
后晋卿借去不还。""董钺、绵竹道士杨世昌等来访雪堂。"**

元丰五年（1082年），苏东坡当时被贬黄州，他躬耕东坡，造了一个
有格调的接待室，叫**雪堂。米芾、董钺和杨世昌相约同去看望大文豪苏东坡。**
苏轼在雪堂接待了他们。因为苏东坡盖的时候是冬天，正在下雪，所以起
名为雪堂。名其为堂，看似风雅，其实只是五间草房，竹篱茅舍，简陋得很。
然而苏轼对此却已心满意足，他利用自己善于生活的特点，把它布置得简
洁雅致，平时就在里面吟诗弄文，作画写字，当成了自己的书斋。苏轼一

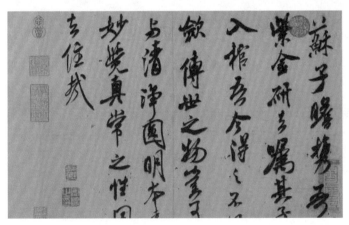

身麻衣布服，头
戴东坡帽，在雪
堂里与他们相见，
用烧猪肉和自己
劳动所出产的农
作物以及杨世昌
送他的绵竹蜜酒
来招待他们。**据
苏史研究专家研**

究，苏轼规定如果有客人来了，招待的菜也只有三样，不能少，但也不能多。有人请他去吃饭，也是按此规格办理。苏东坡招待米芾三个朋友也应该是三样菜。一样可能是他擅长的烧猪肉。据苏东坡记载，黄州的猪肉价贱，但当地人不会烧，他就自己动手烧，创造了后来的名菜东坡肉。**一样可能是焖竹笋**，笋也是黄州普遍的产物，无须出钱买，只要到竹丛里去拔就行。还有一样可能是东坡田里自产的菜蔬。主食是粗粝的胡饼和自己田里产的麦饭，**这次喝的是杨世昌送他的绵竹蜜酒，自从杨世昌教会他酿蜜酒后，苏东坡就用自酿造的蜜酒自饮或招待客人。**此外，还可能有一道甜食——甚酥。所谓甚酥，其实是出自东坡的一则笔记。一次有人请他吃酥，其味甚佳，东坡便问主人："这是甚酥？"主人未答，旁边的朋友便笑道："这个酥自己平时的饮食，早晚不过一杯酒一碗肉。东坡还专门为此写了诗。"

　　酒过三巡之后，兴致也上来了，苏东坡当即给米芾作了一番演示，他用一张观音纸贴在墙上，只是简单几笔就勾勒出松石、枯树、竹子，米芾当即表示佩服，苏东坡摆摆手表示，说道："我的朋友文与可（文同）更厉害，创造了一种泼墨笔法，在动笔之前，已经胸有成竹。"米芾仔细观察刚才的画，发现用笔盘曲、皴皱坚硬，于是对苏东坡说："莫非这是前辈心里盘踞着郁结之气？"苏东坡听了之后，感动的不得了，什么是知音？这就是知音。他把这一幅画送给了米芾。苏轼现在有一幅《枯木怪石图》存世，其构图近似米芾所描述的，不知是不是当年苏东坡对米芾这位年轻人的示范作品。

苏东坡、米芾、董钺都赞叹杨世昌送来的蜜酒真是好酒！美酒！苏东坡喝得十分高兴，竟然把自己压箱底的私货——唐代吴道子画的佛像，给米芾等朋友看，两人从用笔到神韵进行了一番鉴赏，**他们一直喝到深夜才结束。**

米芾这次在雪堂待了几天，两人还从书法方面进行经验交流，米芾也是听了苏东坡的建议，才从学习唐人书法，改学魏晋法帖，从而确立了从唐人追上晋人的目标，所学更加古远，米芾回忆道："壮岁未能立家，人谓吾书为集古字，盖取诸长处，总而成之。既老始自成家，人见之，不知以何为祖也。"也就是说，他听从了东坡的指教，在从习唐人书的基础上，又学习晋人书，从而融会贯通，杂合众家，最终形成了自己的面貌。

苏轼以后对米书的评价是：风樯阵马，沉著痛快，当与钟、王并行，非但不愧而已。

翁方纲则说："米元章元丰中谒东坡于黄冈，承其余论，始专学晋人，其书大进。"黄州一会的最重要意义，就是一变唐代书法以法度为主的趋向，从而形成了宋代书法以意趣为主的书风。所以说，苏东坡是米芾的艺术指导老师，而苏东坡也很喜欢这位艺术根底好的后生，以至在后续的书信中，多次回味这次相会的场景，这是他们友情的开始。

米芾比苏东坡小 14 岁，苏东坡很乐意栽培后生，从后面苏门四学士的成就就可以知道，苏东坡当老师的称职程度。他经常给米芾鼓励，"你的书法很好呀"，这是莫大的鼓励。米芾从这年起，潜心魏晋，以晋人书风为指归，寻访了不少晋人法帖，连其书斋也取名为"宝晋斋"。如果论成就，苏东坡是诗词书画全能型才子，而米芾主要专攻书法方面，造诣也超过了苏东坡。米芾是一个特立独行的人，性格怪异，时人称他为"米癫"，喜欢穿唐人服装，而且还有严重的洁癖，对于这么个怪人，多少有些不合群，但他居然跟被贬黄州的苏东坡合得来。

黄州数日游，留给米芾的收获是极大的，黄州"双雄会"的最终结果，是在中国文人画的基点上达成了共识，为他们日后殊途同归的艺术实践而奠定了理论基础。

从这些史料中可以看出,绵竹杨世昌蜜酒和他教授苏东坡的酿酒技艺,不知道历史上有多少著名文人雅士所醉饮!不知道在绵竹美酒和杨世昌教苏东坡酿酒的醉意下,又醉书、醉画、醉吟了多少名篇、大作?

二十九、北宋名臣、大儒杨绘与绵竹酒

杨绘（1068～1116），字元素，四川绵竹人。因居绵竹九龙无为山著

书,自号无为子。杨绘年幼时聪明过人,读书一目五行,名闻西州。皇祐五年中进士第二,俗称榜眼。初授大理评事、荆南府通判。历知制诰、翰林学士、御史中丞。

杨绘是绵竹历史上科举考试学位最高的大儒。宋仁宗皇佑五年,公元1053年杨元素擢进士第二人（探花）。他著书集八十卷,南宋时尚有传本,入元则全佚。清末梁启超曾撰文考证作者及原书流传事,又辑佚文五则。

北宋大儒杨绘

苏轼与杨绘十分友善,彼此饮酒唱和成为千年佳话。

苏轼熙宁七年（公元1074）在杭州任通判时,杨绘去杭州任太守,曾是杨绘手下的属官,即为苏轼上师。他们一起共事时间虽短暂,但彼此结下深厚的友情。在此期间,仅凭《东坡词集》记载,苏、杨饮酒唱和赠答诗词就有13首之多。

如，苏东坡南乡子·和杨元素时移守密州词

苏 轼

东武望余杭。云海天涯两渺茫。
何日功成名遂了，还乡。

醉笑陪公三万场。不用诉离觞。
痛饮从来别有肠。今夜送归灯火冷，
河塘，堕泪羊公却姓杨。

此词主要描写苏轼与杨元素饮酒
抒发离别之情，杨绘来杭州任知州不
久，苏轼将移知密州（即去今山东任
知州）。**"东武望余杭，云海天涯两
渺茫。何日功成名遂了，还乡，醉笑陪公三万场。"**

密州与杭州，隔着山川与湖泊，隔着云烟与雾瘴，可恨相逢能几日，
不知重会是何年。如此辛苦地四处奔波，只为功名所累，什么时候功成名
遂了，回到家乡再陪公醉饮三万场。人生的来来去去总难预料。提着残灯
送君归去，看河塘上的灯火都觉得格外冷清。

字字句句，都仿佛声泪俱下。有诗有酒，有相逢也有别离。人生的苦
乐都在其中。

可见二人虽然相处不久，他们
要在功成名遂之时，回到四川老家
眉山和绵竹再补上百年三万六千场
的痛饮。

又如：苏轼的《**浣溪沙·重九
旧韵**》

白雪清词出坐间。爱君才器两
俱全。异乡风景却依然。

可恨相逢能几日，不知重会是
何年。茱萸子细更重看。

此词是神宗元丰七年（公元1084）四月，杨绘应知兴国军时，邀时谪黄州团练副使的同乡好友苏轼，造访兴国与之共饮，苏东坡所作。**白雪清词出坐间。爱君才器两俱全**。意思为：好友杨元素阳春白雪一般的清妙的词作在醉饮席间一挥而就了。由于杨绘（字元素）作品的失传，今天已无法欣赏他的原作，但从苏轼的赞美中仍然可以看出其作品的格调高雅以及其人的才思敏捷。**"爱君才器两俱全"**。**"君"指杨元素，苏东坡爱他是才识两全的人才**。这除了出于倾慕友人的才华之外，当然也与在党争中的志同道合分不开的（见《宋史》杨绘本传）。"异乡"则意在暗点节令"重九"，"异乡"杭州，说明它与故乡蜀地的节令风光没有什么两样，似乎流露出苏东坡认杨绘乡为故乡的亲切感，怅惘与慰藉兼而有之。

"茱萸子细更重看"，暗用杜甫"明年此会知谁健，醉把茱萸仔细看。"（《九日蓝田崔氏庄》）的诗意，暗含着别后对友人怀念的深情。

杨绘与苏轼、张先、李常、陈舜俞、刘述雅集畅饮，被历史上称为著名的"雅集六客"。现在保留下来的只有张先、苏轼二词，唯独杨绘原唱无传。

从苏东坡的诗中，我们可以看到杨绘不仅是北宋名臣大儒，而且也是非常好酒之人。他虽然爱酒，因其著作和诗歌失传，无从寻觅到他专写家乡绵竹的酒诗。但从他与好友苏东坡和北宋著名诗人张先等的和诗中可以看到宋代名臣、绵竹乡贤大儒杨绘浓浓的诗酒之情。可以推断出他年轻时在绵竹无为山著《无为编》三十卷时期，一定也会与好友一起在无为仙山问道、吟诗、畅饮绵竹美酒，一定也写下了许多诗酒话桑麻的佳句。

杨绘是北宋时期第一个在绵竹道文化之源的九龙 "无为山"修读书堂的大儒。笔者认为：他在"绵竹无为山"修读书堂主要原因是，"**儒教在唐代孔庙倒了都无人修了**"，即儒教大走下坡路，他要**探寻、研究道文化与儒文化相结合文化合理内核**。在宋代之时，对韩终信仰，已经达到了最高峰——"韩君丈人"亦被列入国家祭祀，韩终以上帝首相之身份入祀神霄玉清万寿宫。所以杨绘要在九龙无为山修读书堂。

他在这里著《无为编》三十卷之多，都已失传。南宋时期大儒**张浚、张拭在无为山修紫岩书院，实际上是传承家乡前贤大儒杨元素的学术思想，继续探寻儒、释、道相融的合理文化内核，最后张氏父子都成为了大学者，理学大家。绵竹人民在城西建了一座三贤堂，就是专门供奉杨绘、宇文之邵、张浚丞相。**

三十、南宋贤相张浚与绵竹酒

张浚（1097年8月11日—1164年8月28日），字德远，世称紫岩先生。汉州绵竹县（今四川绵竹市）人。北宋至南宋初年名臣、学者，西汉留侯张良之后。宋徽宗政和八年（公元1118年），张浚登进士第，历枢密院编修官、侍御史等职，后除同平章事兼知枢密院，都督诸路军马。淮西军变后引咎求罢。秦桧及其党羽当权时，谪居十余年。隆兴二年（1164年）八月，张浚病逝，享年六十八岁，累赠太师，谥号"忠献"。著有《紫岩易传》等。近人辑有《张魏公集》。

张浚是宋代绵竹历史文化名人，他在任川陕宣抚处置使的时候，倡行了隔槽酒法，允许民间纳钱酿酒，（宋代酒实行专卖制，但随着民族危机的加剧，中央财政濒临崩溃）为增加财源进而导致四川酒业的兴盛远超唐代。绵竹是他的家乡，自古是物华天宝，人杰地灵之地，因此在他领导下的四川绵竹当时酒业也一定是大发展的景象。

三十一、南宋大诗人陆游与绵竹酒

陆游（1125 年 — 1210 年），字务观，号放翁，汉族，越州山阴（今浙江绍兴）人，尚书右丞陆佃之孙，南宋文学家、史学家、爱国诗人。

陆游于乾道七年底应四川宣抚使王炎之请，入幕襄理军务。四川宣抚使驻汉中是抗金的前线，王炎是一个干练的领导，这时陆游感到非常兴奋，从此生活与诗歌创作都出现了一片新天地，但没有几个月王炎调回临安，陆游也被调至成都担任安抚司参议官的闲职。他似乎感到抗击女真、收复失地的理想又一次成了泡影，在失望之余，把时光多半消磨在歌儿舞女、酒宴应酬之中，想在这沉醉中压下心上的痛苦。

淳熙二年（1175），陆游几经调动再回到成都时，范成大也以四川制置使的身份来到这里，旧友异地相逢，十分亲热，常在一起饮酒酬

唱。他在川陕，一共住了九年，因抗金的抱负与个人的事业都受到挫折，所以就**借酒浇愁，放浪形骸，他尝遍蜀中美酒，以为剑南烧春酒是四川最好的酒，所以晚年将诗集取名为《剑南诗稿》**。

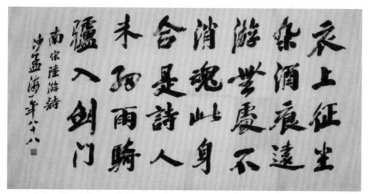

剑门道中遇微雨

陆游 （宋）

衣上征尘杂酒痕，远游无处不消魂。

此身合是诗人未？细雨骑驴入剑门。

此诗是陆游在四川来做官路过剑门关时，痛饮剑南烧春写下的千古诗篇。

三十二、南宋文学家、岳飞之孙岳珂与绵竹酒

岳珂（1183 年—1243 年），字肃之，号亦斋，晚号倦翁，江西江州（今江西九江）人，南宋文学家。

岳珂进士出身，邺侯、权户部尚书。岳飞之孙，岳霖之子。

南宋文学家、岳飞之孙岳珂像

黄鲁直真一酒诗帖赞
［宋］岳珂

以蜜为酒，昉于东坡，托诗惟传，百世不磨。然而浊为贤而清为圣，泛为醠而盎为酂。自古以降，厥名孔多，要皆不以甜称，惟少陵昌黎始有如蜜若饴之歌。

岂时人酸鹹之嗜大概略同，予以固未辨其趣之如何也。

从岳珂《黄鲁直真一酒诗帖赞》诗中可以知晓几个文化信息：

1、宋代名酒"真一酒"是苏东坡用杨世昌教他蜜酒法酿成的；

2、苏东坡又将杨世昌教他的酿蜜酒法传给黄鲁直（黄庭坚）；

3、黄鲁直（黄庭坚）当时专门为苏东坡回了诗帖；

4、岳珂看后认为黄庭坚书法很好，苏、黄的目的是要将"真一酒"的酿造方法"托诗惟传，百世不磨"，所以写下此诗。

真一酒（并引）
［宋］苏 轼

米、麦、水三一而已，此东坡先生真一酒也。

拨雪披云得乳泓，蜜蜂又欲醉先生。

（真一色味，颇类予在黄州日所酝蜜酒也）。

稻垂麦仰阴阳足，器洁泉新表里清。

晓日著颜红有晕，春风入髓散无声。

人间真一东坡老，与作青州从事名。

三十三、成吉思汗、窝阔台、蒙哥汗、忽必烈与绵竹酒

成吉思汗：元太祖孛儿只斤·铁木真（1162 年—1227 年 8 月 25 日），尊号"成吉思汗"，蒙古族乞颜部人。大蒙古国在世界史上最杰出的军事家、政治家。

有一些酒史专家认为：高度白酒蒸馏技术是在 8-9 世纪阿拉伯人发明的。中国的蒸馏高度白酒技艺是元朝时期由被蒙古人征服的中亚波斯地区传入并普及开的。

明代药物学家李时珍（1518—1593 年）

在《本草纲目》中说："烧酒非古法也，自元时起始创其法。" 其法用浓酒和糟入甑，蒸令气上，用器承取滴露，凡酸败之酒皆可蒸烧。近时惟以糯米或黍或秫或大麦蒸熟，和曲酿瓮中十日，以甑蒸好，其清如水，味极浓烈，盖酒露也。日本烧酒也是在同时期与朝鲜半岛以及和中国关系密切的琉球传入的。**但是，从现代考古发现来看，蒸馏酒的最早出现说法不一，有人说是宋代，有人说是唐代，有人说是汉代，甚至有人说起源于国外。**

第一种：西汉说。在江西南昌西汉海昏侯刘贺墓中发现了蒸馏器，而且是在酒功能区发现的蒸馏器，无疑说明了西汉出现了蒸馏酒。

第二种：东汉说。上海

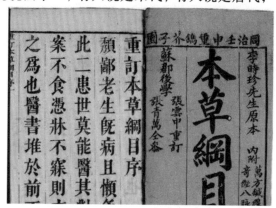

博物馆中收藏了在东汉早期或中期所制成的青铜蒸馏器。四川出土了东汉时期酿酒的画像砖，画像的内容与现代酿造的场景基本一致。1981年有专家用蒸馏器来进行模拟蒸酒实验；每次仅能装醅 800g，出酒 50ml，且酒醅所能蒸馏出来的酒液度数仅为 26.6–20.4 度之间。

所以说，使用该蒸馏器来蒸酒，一次蒸酒量过少未免太过于鸡肋，且酒的度数也并不达标。故此，马承源先生认为该蒸馏器多为药物或花露水类的蒸馏器。且在众多的酿酒史料中，都找不到汉代蒸馏酒的踪迹，没有实际的资料记载。故此，对于蒸馏酒起源于东汉这一说法，目前仍然存疑。

第三种：唐朝说。唐代诗歌文化昌盛，酒文化也同样昌盛。之所以会有学者认为蒸馏酒起源于唐代，则是因为在白居易、陶雍等诗人的诗句中都有提及"烧酒"一词。李肇（公元806年）写的《国史补》中的："酒则有剑南之烧春"（唐代普遍称酒为"春"）。《唐国史补》还记载了当时全国的14种名酒，"剑南烧春"就在其中。雍陶（公元834年）诗云："自到成都烧酒热，不思身更入长安。"

所以有专家认为，**"烧酒"实际上是古时蒸馏酒的一种叫法。**对于蒸馏酒起源于唐代，虽有大量的文字记载，但是只是考古中发现唐代时候的酒具变小，没有确切的蒸馏器等实物。所以，有专家认为唐时有蒸馏酒，但是蒸馏的度数没有现在度数高。

唐代酒器

李时珍也在《本草纲目》中的葡萄酒部分有提及在贞观 14 年（公元 640 年）时，新疆地区的人就已经生产出了红色的液态法蒸馏酒。

第四种：宋代说。

在宋代的文献中，"烧酒"一词出现得更为频繁。如宋代宋慈的《洗冤录》

中记载："令人口含米醋或烧酒，吮伤以吸拔其毒"，其中所说的"烧酒"，很多人都认为是蒸馏酒。但宋代几部重要的金代蒸馏酒器酿酒专著，其中都未提及经蒸馏而得到的烧酒。能证明宋代就已经出现蒸馏酒的有力证据则是 1975 年年底时，在河北青龙满族自治县的水泉村出土了一件青铜制作的蒸馏烧锅。烧酒锅分上下两层，为蒸馏造酒用的器皿，青铜器通高 41

厘米稍多，可见在 800 多年前的金王朝时代，人们就开始使用粮食酿造蒸馏酒了。

第五种：元代说。

李时珍的《本草纲目》中记载："烧酒非古法研制，自元代始创其法"。

白酒源自于元代这个说法，则是明代医学家李时珍所提出的。他在《本草纲目》一说中记载道："烧酒非古法也，自元时创始。"在元代以前的蒸馏酒，都是在酿造酒的基础上所进行的液态蒸馏，而李时珍所说的"烧酒"，则是典型的固态法发酵蒸馏工艺所得来的蒸馏酒，其度数要更高。

且在元代的文献中，也不乏一些对于蒸馏酒以及蒸馏器的记载，如1330 年所作的《饮膳正要》。而目前所发现的众多酿酒古遗址，如成都水井街酒坊、江西李渡烧酒作坊等……，都证实了在元末明初时期，白酒的酿造已经自成体系，且初具规模。但是是否真的源自于元代，史料中并没有确切的记载。

人们一般以为粮食酿造的高度白酒，也就是蒸馏酒的工艺，是在元代时期蒙古人征西欧，曾途经阿剌伯，将酒法传入中国。元时中国与西亚和东南亚交通方便，往来频繁，在文化和技术等方面多有交流。

章穆写的《饮食辨》中说："烧酒，又名火酒、'阿剌古'。'阿剌古'番语也。"现有人查明"阿剌古"、"阿剌吉"、"阿剌奇"皆为译音，是指用棕榈油和稻米酿造的一种蒸馏酒，在元代曾一度传入中国。

笔者研究认为，从出土文物证明中国从汉代到宋金时期已经发明了蒸馏酒技术是不能否认的历史，但是从汉代到宋金时期的蒸馏酒技术，酿造的白酒度数都不是很高，而且规模很小，1981 年有专家用汉代蒸馏器来进行模拟蒸酒实验；每次仅能装醅 800g，出酒 50ml，且酒醅所能蒸馏出来的酒液度数仅为 26.6–20.4 度之间。

　　从李白饮酒诗看 "烹羊宰牛且为乐，**会须一饮三百杯**"；此诗虽然有夸张之意，但是"**一饮三百杯**"也说明了酒的度数不高。

　　再从《水浒传》中反映的宋代人饮酒场情景看，当时还是以低度白酒为主，才会有武松"**三碗不过冈**"，连喝十八碗酒的故事。所以说，**追根溯源，蒸馏酒最早可能出现在汉代时期**。**但是，在元代之前所出现的蒸馏酒，都是以酿造出来的低度酒为原料，所进行的液态蒸馏，而与当下白酒最为接近的还是元代所兴起的固态蒸馏技术**。中国酒文化专家曾纵野先生认为："在元明一度传入中国可能是事实，从西亚和东南亚传入都有可能，因其新奇而为人们所注意也是可以理解的。"（曾纵野：我国白酒起源的探讨（《黑龙江酿酒》，1978 年））明代时称白酒为火酒。

江奎艺术博物馆藏元代大酒罐

　　说到白酒蒸馏技艺是元代从中亚波斯地区传入中国并普及的过程，笔者认为这与历史上成吉思汗与丘处机；窝阔台与耶律楚材；蒙哥汗与忽必烈；忽必烈与姚枢、郝经、刘秉忠等这些元代著名历史人物有着重要关系。

（一）、成吉思汗、丘处机与白酒技艺传入

成吉思汗是蒙古的可汗，他是杰出的军事家和政治家，但他信奉武力，杀人无数，也是一个很残酷的统治者。蒙古军的人数并不是很多，最多20余万人。据说，成吉思汗为了在不分散兵力的情况下，保证后方的安全，他常常会屠城，滥杀无辜。进军中亚时候，就至少有千万人被杀，现在看起来真的是惨绝人寰。

但也不是全部杀光，他在屠城之前，都要把这3种人留下。

成吉思汗从来不杀工匠。

因为成吉思汗成长的蒙古大草原，是很荒野的。基本上没人会工匠的，这给蒙古人的日常生活带来了诸多的不便。更甚者，严重的影响了军队的战斗力。

成吉思汗的军队攻城的时候，敌军的城墙又高又坚实，自己没有工匠，不

丘处机像

会做高大的攻城器械。在攻打金国的时候，成吉思汗就吃过一次大亏。面对高大的城墙，骑兵根本就用不上力。成吉思汗只能以巨大的代价，来换取破城的胜利了。他下令让弓箭手一起瞄准城墙上，万箭齐发，作为掩护。然后让骑兵把土搬运到城墙下面，堆起来，直到士兵能踩着土堆爬到城墙上为止。最后，城墙是攻下了，但蒙古军也为此付出了惨痛的代价，死伤无数。因此，成吉思汗在屠城之前都是把各种工匠留下，帮蒙古军打造攻城器械，也包括酿酒工匠，因为中亚酿酒工匠可以酿造出高度白酒，既可以使蒙古军饮之后更加彪悍、勇猛，又可以作为战争受伤人员医疗消毒用品等。

这一做法，大大提高了蒙古军的攻坚能力。工匠们一是可以打造出很多在当时算是很先进的武器，如火弩、投石器等，同时**酿酒工匠可以为蒙古军酿造高度白酒，使其更加彪悍、勇猛，又可以将高度白酒作为医疗消**

毒用品等。

历史记载：一次工匠们在很短的时间内，建造出了三千个火弩、三十个抛石器、七百个火焰放射器和四百个攻城云梯。这样很快就攻下了坚固的城墙，减少了很大的损失。此役中，脱忽察儿不幸战死。成吉思汗的女儿为丈夫报仇，领兵屠城。但成吉思汗下令禁止女儿屠杀工匠。

蒙古军虽然在攻打尼沙普然的战争中屠杀了一百余万人，但是四千工匠却很好地存活了下来。

成吉思汗的签军战略。

成吉思汗是军事天才，他深知蒙古的兵源短缺，为了保存蒙古人自身的军事实力，成吉思汗想出了很多招数，其中的一个招数比较管用，叫签军。何为签军呢？成吉思汗在破城之后，他都会先挑选一大批百姓，留着先不杀，而其余的百姓全部杀掉。不杀的这批百姓，是做什么用的呢？一来，做搬运工。蒙古军在攻城之前，所用的一些武器器械，也包括激励将士，勇猛冲杀、**受伤消毒的高度白酒都要他们搬运**。二来，是做人体盾牌。蒙古军在进攻的时候，都会让他们走在前面，为蒙古军士兵做掩体。甚至有时候，会当成石块来填护城河，做垫脚石，一旦攻城胜利，这些签军就会被无情的屠杀殆尽。签军，的确在很大程度上，减少了蒙古军的损失。

成吉思汗的宣传战略

成吉思汗惯用心理战术，故意散布他的优待政策，这招很管用。他在屠城的时候故意放走一批百姓，目的是让他们四处传播蒙古军的政策：蒙古军很强悍、恐怖，攻城时如果不抵抗而投降就不会滥杀，如果抵抗就会屠城。

蒙古军这种办法还真的管用，守城的一些官员抵挡不住蒙古军的进攻就主动交出了城池。成吉思汗是否能够遵守他的诺言，这个就要看他的心情了。

丘处机与成吉思汗的论道，为去暴止杀、济世安民和蒸馏白酒技艺传入中国是具有重大作用的。

全真教的创始人是王重阳，可是真正担起将全真教

发扬光大的人却是丘处机。在真实历史上，这位丘道人虽不是绝世武艺傍身的武功高手，却也是一个影响道教发展的大人物。

1219 年（兴定三年），丘处机受成吉思汗的邀请，远赴三万里，在今阿富汗与之论道。这是在宗教史上一个划时代的重大事件。成吉思汗不远万里请丘处机的原因很简单，就是为了长生。

不论是哪个朝代，帝王总是想长生不死永远做帝王。成吉思汗从旁人口中听说了丘处机颇懂长生之道。在征服了半个欧亚大陆之后，这位英雄人物也深感体力和精气随着年老而渐渐衰弱，丘处机便是他请来延寿的"医生"。

此时的丘处机已经是 75 岁高龄，而蒙古大汗成吉思汗在中原留下的杀名也是响亮得很，他背负着心中的信念，带着十八名徒弟，走上了这条长长的传道之路。走完全程到达今天的阿富汗时，已仅剩下五人。丘处机的前来却是满怀着雄心壮志。他要说服这个嗜杀之主，他要拯救天地下蒙古铁骑下的万民苍生。

在成吉思汗西征军营内，丘处机与成吉思汗朝夕相处数月，多次与之

论道，而结果也很成功。成吉思汗做了很多事，他戒了暴虐性子，开始修身养性、实行清淡饮食和规定起居，甚至他还开始修炼道教的吐纳之术。

成吉思汗自感武力无敌，可终究敌不过时间，丘处机揣摩其所需，对症下药，劝说他以道教之法修身，这也促成了一项伟大法令的诞生——《止杀令》。他和成吉思汗的一席话，就救下了四百万人。

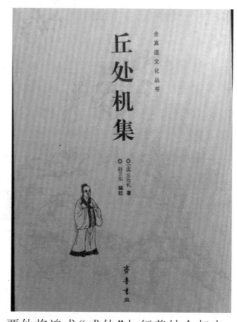

具体内容见于耶律楚材所编的《玄庆风会录》一书中。从该书的记载看，丘处机对成吉思汗的影响主要体现在以下三个方面：

一是宣传"去暴止杀"，在一定程度上减轻了蒙古统治者对所征服地区人民所推行的残酷杀戮政策。丘处机针对成吉思汗希冀长生之心理，要他将追求"成仙"与行善结合起来，劝告成吉思汗，养生之道重在"内固精神，外修阴德"。内固精神就是不要四处征伐，外修阴德就是要去暴止杀。根据大略记载，成吉思汗听丘处机论道之后，就颁布了对于整个世界最重要的《止杀令》。这一法令颁布之后，蒙古大军这才省去了每次破城之后屠城的禽兽之举，每一场大战之后，尽管依旧不乏血腥之举。可是更多人却得以死里逃生。

二是宣传济世安民思想，为恢复和发展中原地区社会经济、救济贫困百姓、安定社会秩序做出了贡献。

三是在成吉思汗大营不断向其灌输爱民的道理。　由于丘处机循循善诱的说教，对成吉思汗思想多有所触动，认为："神仙是言，正合朕心。"他还召集太子和其他蒙古贵族，要他们按丘处机的话去做，又派人将仁爱孝道主张遍谕各地。

丘处机不仅宣传济世安民主张，而且也身体力行。在蒙古军控制的邪米思干城（今阿富汗境内），他就将从蒙古贵族那里得到的粮食救济饥民。他利用宫规广发度牒，安抚了大批无以为生的流民，使之加入全真教，从而免除了他们承担的苛捐杂税。

笔者认为，成吉思汗与丘处机论道，促成了《止杀令》的伟大法令，保护了大批工匠和人民，也由于成吉思汗的西征战争的需要，使中国到西亚和东南亚交通条件得到了进一步改善，往来频繁，加之国内的蒙古与金朝、南宋的战争都需要高度白酒作为消毒剂和士气振奋剂，另外蒙古人是一个嗜酒的民族，为高度白酒酿造技术传入中国创造了条件。

丘处机与成吉思汗在阿富汗的论道，对蒙古后来的几位大汗去暴止杀、济世安民和蒸馏白酒技艺传入中国是具有重大作用的。

元太宗**窝阔台**曾邀**丘处机**为皇太子讲授《道德经》《孝经》《易》《书》等。元宪宗**蒙哥**还向**丘处机**请教治国保民之术。

（二）、元太宗窝阔台、耶律楚材与白酒技艺传入

元太宗窝阔台（1186年—1241年）是成吉思汗的第三子，成吉思汗的继任者。他继续父亲的遗志扩张领土，南下灭金朝，派拔都远征欧洲，在位十二年（1229～1241），1230年，他亲伐金，1234年冬联合南宋攻蔡州，金哀宗自缢，金亡。蒙古大军的铁骑转往传入中国。东方的高丽，并使他们臣服，西线方面，蒙古大军完全控制了波斯，并继续西进，占领了除诺夫哥罗德以外罗斯诸国的全部，以及波兰和匈牙利的全境。

窝阔台像

公元1266年十月，太庙建成，制尊谥庙号，**元世祖忽必烈**追尊窝阔台庙号为太宗，**谥号英文皇帝。**

耶律楚材像

1241 年，窝阔台因为酗酒而突然暴毙，使他的西征进程被迫中止。

耶律楚材：（1190 年 7 月 24 日 —1244 年 6 月 20 日），字晋卿，汉化契丹族人，号玉泉老人，号湛然居士，政治家。辽朝东丹王耶律倍八世孙、金朝尚书右丞耶律履之子。在金仕至左右司员外郎。

成吉思汗收耶律楚材为臣。耶律楚材先后辅弼成吉思汗父子三十余年，担任中书令十四年之久。提出以儒家治国之道并制定了各种施政方略，为元朝的建立奠定了基础。

成吉思汗、窝阔台军队在攻打亚欧各国和征服国内各民族的时候，曾有这样的规定：凡是进攻敌人的城镇，只要对方进行抵抗，一旦攻克，不问老幼、贫富、逆顺，除工匠外，大部分杀戮，少数妇女和儿童成为奴隶。

耶律楚材也像丘处机一样坚决反对战争中的残暴行为　，他对窝阔台建议说：国家兴兵打仗，就是为了得到土地和人民，得地无民，又有何用！他建议窝阔台不要杀戮，实行课税所制度，让其耕耘纳税，窝阔台开始犹豫不决。耶律楚材给窝阔台算了一笔账，一年就得银五十万两，帛八万匹、粟四十余万石。窝阔台听后觉得有道理，就采纳了耶律楚材的建议。在实行课税所制度的第二年，即1231年，窝阔台到云中，十路都上进粮食、书籍及金帛与耶律楚材算的账的收获一样，窝阔台惊异地问耶律楚材；不知道南国还有爱卿一样的吗？初次使窝阔台尝到了不用兵戈而获得中原巨大财富和粮食的甜头。

耶律楚材建议窝阔台实行的课税所制度，不杀戮百姓，让其耕耘纳税，使酿酒有了粮食，加上成吉思汗不杀工匠，为高度白酒酿造技术从西亚传入中国创造了条件，白酒蒸馏技艺传入中国，也一定传入了绵竹。

（三）、蒙哥汗钓鱼城之战与白酒酿造技艺传入绵竹

蒙哥汗是元太祖成吉思汗之孙、拖雷长子，元世祖忽必烈之兄。蒙哥汗是中国史上唯一一个战死沙场的皇帝。他是历史上著名的军事家、政治家。至元三年（1266年）十月，太庙建成，制尊谥庙号，元世祖忽必烈追尊蒙哥庙号为宪宗，谥号桓肃皇帝。蒙哥汗继位以后，为了显示其汗位的正统性，蒙哥汗严格按照成吉思汗所颁布的"大札撒"来治理蒙古国。蒙哥始终不愿意接受任何来自被征服国家和民族的文化影响。窝阔台时还曾依靠耶律楚

材等大儒士来治理国家，在蒙哥的手下，却很难看到儒士的身影。

蒙哥汗一生战绩颇多，其中最为著名的就是亲征南宋。1259年在进攻四川合川钓鱼城时去世。

第一、钓鱼城之战是影响世界的古代三大战争之一。钓鱼城之战使南宋延续了20多年。

钓鱼城

蒙哥汗战死以后，袭击四川的蒙军被迫撤退，护送蒙哥汗棺材北还。因为蒙哥之死，忽必烈为了与他的弟弟阿里不哥争汗位，也退兵北上，使灭宋延续了20年左右。

第二、钓鱼城之战使第三次西征停滞不前，缓解了对欧、亚、非等国的威胁。

1252年，蒙哥汗派他的弟弟旭烈兀进行第三次西征，先后占领了现在伊朗、伊拉克和叙利亚等阿拉伯半岛的大片领土。就在旭烈兀准备向埃及进军的时候，得知蒙哥已死，旭烈兀遂留少量军队继续征战，而自己则率大军东还。

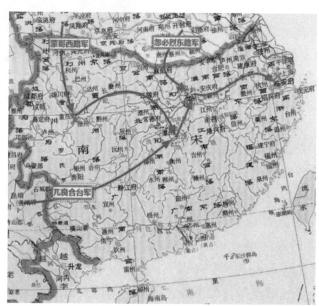

蒙哥汗时期的军事图

其结果是，蒙军因寡不敌众而被埃及军队击败，蒙军一直未能进入非洲。

因为由蒙哥汗亲自主战的宋蒙战争的主战场在当时四川河川钓鱼城（今重庆合川钓鱼城）进行，元代的战争需要大量的高度蒸馏白酒作为消毒剂，在元代高度蒸馏白酒是最好、最经济、最方便、最容易得到的伤员消毒计，高度蒸馏白酒也能使军队饮之更彪悍、更勇猛。绵竹距离河川钓鱼城很近又盛产粮食，应该比较肯定的说，当时绵竹高度白酒的生产一定很发达。所以河川钓鱼城之战促进了高度蒸馏白酒在四川、在绵竹的大发展。

（四）、忽必烈、姚枢、郝经、刘秉忠与绵竹酒

忽必烈（1215 年—1294 年），蒙古族，元朝的创建者。是监国托雷第四子，元宪宗蒙哥弟。他青年时代，便"思大有为于天下"。孛儿只斤·忽必烈建立了幅员辽阔的统一多民族国家元朝。**他在位期间，建立行省制，加强中央集权，使得社会经济逐渐恢复和发展。**他同其祖父成吉思汗一样，忽必烈是蒙古族卓越的政治家、军事家。在位 35 年，1294 年正月在大都病逝，**谥号**圣德神功文武**皇帝**，庙号世祖。

忽必烈像

蒙哥汗在钓鱼城的战死后，忽必烈在激烈的斗争中登上了汗位，对中国历史的发展产生了重要影响。**忽必烈是元朝的开国皇帝。**中国历史上成功的统治者们都有一个共同的特点，就是广纳贤才、善于听取意见，但若论吸纳人才范围之广，糅合民族、包融宗教，元世祖忽必烈是中国历代皇帝中史无前例的。

忽必烈力主延揽汉族儒士，如：姚枢、郝经、刘秉忠等。大力推行汉

化政策，取得了很大的成绩。然而，蒙哥汗和他的保守派官员却对他有所猜忌，忽必烈因此被罢官，他所推行的汉化政策也被迫取消。在登上大汗位之后，忽必烈继续推行其汉化政策，逐渐改变蒙军残暴的政策，使中国中原大地的经济和文化不受损害，并得到大力发展。蒙哥汗曾留遗言，攻陷钓鱼城，要全部屠城。之后钓鱼城降元，以不杀城中之人为条件。放下武器自动停止抵抗。1279 年守将王立开城，钓鱼城落到了蒙古人手里。钓鱼城抵抗了 36 年，全败而退。

元朝北京城的设计者刘秉忠

忽必烈在姚枢、郝经和刘秉忠等汉臣大儒的辅佐下，实行一国多制：在金朝故地上实行的是金朝的制度；在南宋故地上则是实行南宋的制度；在漠北和漠南一带地区，忽必烈继续沿袭着成吉思汗的制度。

这样保住和发扬汉文明，使社会经济逐步地得到了恢复和发展，**也将白酒酿造技艺广泛地传到全国**，但是

因为多年的战争，社会生产力受到极大的破坏，元代几十年普遍实行酒禁。而四川是个例外。

据《元史世祖纪》记载，"以川蜀地多岚瘴而弛酒禁。"所以绵竹在当时一定是全国白酒高度发达的地区之一。

同时，忽必烈在大臣的辅佐下，将理学的崇尚作为元代的统治术，这也是绵竹紫岩书院在元代得到了重修的主要原因。

三十四、元代巴图鲁、令狐元铭与绵竹酒

巴图鲁是元顺帝时期四川省参与政事，四川省平章省军统帅（四川省军政一把手），是元代贵族的后裔。他被派往云南并被提升为笪丽轩伟元帅。到元至正十一年，他被封令率领3000人控制住农民叛军。巴图鲁招募了襄阳官吏和土豪，招募了20000人马，组成了军队并组织了训练，使巴图鲁成为四川镇压农民起义的强悍凶猛的武装力量。元至正十四年，由于巴图鲁建立的丰功伟绩，晋升为四川省平章省军统帅来镇压农民起义。**他是元**

代晚期全国三支镇压农民起义武装力量（巴图鲁、察罕铁和李思琪）最大、最强悍的一支。相当于清代镇压太平天国起义的曾国藩。

令狐元铭是巴图鲁的助手，"钦赐孝子慈孙、赏穿黄马褂、留京听用、掌文笔权、便宜行事、补授陕西潼关协镇前任参都守巴图鲁汉绵治安。即：令狐元铭是元顺帝赏穿黄马褂掌文笔权的秘书，派来监视巴图鲁的心腹之人。

绵竹宋代古寺三溪寺的观音殿墙壁上有两个每字高度为六米三的"龙虎"二字墨迹，就是元代"钦赐孝子慈孙、赏穿黄马褂、留京听用、掌文笔权、便宜行事、补授陕西潼关协镇前任参都守巴图鲁汉绵治安、时年卅七、令狐元铭敬书"。

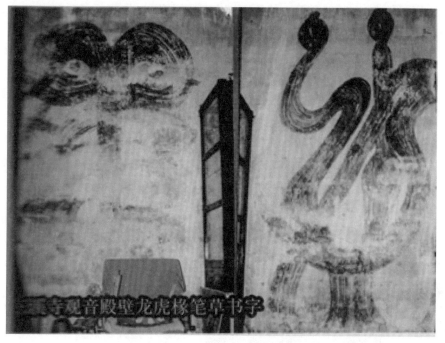

元代令狐元铭书龙虎二字局部（每字6米3）

　　绵竹宋代古寺三溪寺"龙虎"二字，笔者查遍史料是全国历史最悠久（元代）、字体最大（每字6米3），气势最磅礴（草书），书写难度最大（壁上），最有特色（字体独特）的"龙虎"书法墨迹。现在2米大写在纸上的清代"龙虎"书法墨迹，都属罕见。每字6米3，竖壁写在墙上不知难度要大多少倍，实属全国罕见孤品。

　　令狐元铭醉写"龙、虎"二字，是巴图鲁与他在绵竹打了大胜仗醉酒后的心理直白。（蒙古人最喜酒庆胜利）

　　"龙、虎"是最强事物最强动物的总代表。"龙、虎"结合是天下无敌之意也。

虽然"龙、虎"二字已历经了近700年风雨，但字体仍然还是清晰可辨。其字体风格独特，大气磅礴、如龙腾虎跃。

从气势和当时的历史来看，可能是当时巴图鲁和副将书法家令狐元铭在绵竹打了大胜仗，喝酒庆贺，令狐元铭醉酒后所书，**就像唐代大书法家张旭、怀素醉酒书壁一样的大气豪放。**

从书写工具来看，**可能是时年37岁的令狐元铭醉酒后双手握着特大像扫帚一样的特制巨笔一气书写而成**（根据蒙古民族嗜酒、巴图鲁在四川的功绩和书法气势研究）。

从字势和笔法线质来看：笔势豪放磅礴，黑白迅速相变，线质飞白毫发死生，笔道圆劲苍古，作者学习书法50余年，至今也不知道是用什么方法才能在一面大墙上写出每字高6.3米，气势雄强、气韵连贯、一气呵成的草书大字的。笔者猜想，是否是巴图鲁元帅与其副将令狐元铭一起在绵竹庆贺醉酒后，令将军书法家令狐元铭乘着酒兴，以超越文人书法家的特异本领，将麻绳系在腰上，搭在屋梁上，然后指挥懂书法的将士将他拉高放低、快慢停顿节奏都由令狐元铭吼叫指挥，他自己用双手抱着特大巨笔书写二成。场面一定十分热闹，观者一定一会儿屏住呼吸，一会儿拍手称快叫好。其技艺之高，难度之大，胆量之大，非历史上艺高胆大的威武大将军乘醉之势不能为之。

元顺帝像

元朝至正十一（1351 年）巴图鲁被元顺帝封为四川省参与政事。命令他率领 3000 人，控制住当时四川的起义叛军。1351 年红巾军起义爆发，主要分为两支，一支起于颍州，领导人是刘福通，另一支起于蕲、黄，领导人是徐寿辉、彭莹玉（即彭和尚）。当时徐寿辉派部将明玉珍去四川，巴图鲁在襄阳招募了官吏和 20000 余人马，组成了军队并组织了训练，使之成为了四川镇压农民起义的强悍凶猛的武装力量。元顺帝至正十四年（1354 年），由于巴图鲁建立了巨大的丰功伟绩晋升为四川省平章省军统帅来镇压农民起义军，当时元顺帝为了挽救大元帝国的命运，在 1355 年颁布了一项诏书："出五千壮丁为万户，五百名壮丁为千户，一百名壮丁为百户，仍然宣布皇帝的名字" 组织义勇军。只要有能力想要怎么称呼全凭自己的力量决定，元朝政府一般不会问，也就是说，"王"的范畴不能被胡乱称呼。最受欢迎和时尚的称呼是"元帅"。当时，"元帅"也非常多。有几个兄弟，有几把烂枪，就被称为元帅。在所有的小元帅、元帅和准元帅中，后来**众所周知的有三人**。**他们是巴图鲁、察罕铁和李思琪。巴图鲁是影响最大的大元帅。**

至正二十年（1360 年）夏，**陈友谅杀徐寿辉自立为帝，明玉珍不服，不与相通，说："汝能为帝，我不能耶？"**

至正二十二年（1362年）春，明玉珍遂以重庆为国都，建立了大夏国，年号天统。这也是重庆历史上唯一的一位皇帝——建立大夏国。

大夏国皇帝明玉珍

巴蜀之地几乎尽为明玉珍所有，之后又逐步统辖了川、云、贵三省部分地区。

令狐元铭醉写"龙、虎"二字，可能是巴图鲁在绵竹与明玉珍的军队作战，打了大胜仗的心理直白。"龙、虎"是最强事物最强动物的总代表。"龙、虎"结合是天下无敌之意也。很多成语，如龙腾虎跃，卧虎藏龙，龙行虎步等都说明龙虎结合代表强大实力。但是，他们没有想到元朝已经是大厦将倾，无法挽回。

虽然巴图鲁、察罕铁等武装力量非常凶猛，但从当时元朝末期的状况看，全国各地的志愿者武装力量一来还处于起步阶段，规模小，力量弱，不构成元朝起义军的巨大危险；二是他们没有互相合作协调，不能统领其他武装力量，还会不时地互相攻击。这种情况也正有利于反元势力的不断壮大和发展，最终元军大败，元朝灭亡。

清朝同治年间，慈禧太后依靠曾国藩、李鸿章、左宗棠等镇压太平天国起义就借鉴了元顺帝组织义勇军这种方法。**清政府吸取了元顺帝失败的教训，元代的巴图鲁就相当于清代的曾国藩。巴图鲁的勇猛胜过曾国藩，但巴图鲁的运气和谋略远不如曾国藩。慈禧太后的谋略也胜过元顺帝，所以清政府消灭了太平天国起义，元朝最后被朱元璋所灭。**

三十五、道中酒仙张三丰与绵竹酒

张三丰1247年或1248年－????）。名通，又名金、全一、君宝、思廉、玄素、玄化、三佚、三峰，字君实、铉一、蹋仙、居宝、昆阳，号三丰子、玄玄子，世称"隐仙"；因其平时不修边幅，又称"张邋遢"。

宋末元初至明永乐（一说明天顺年间或清雍正年间）时期现世**道教学者、武术家、书法家、思想家、丹道学家、天文**

张三丰画像

学家，中国道教全真道武当派、三丰派开山祖师，内家拳始祖，太极拳始祖，道符体书法开创者，抗元民族英雄。

张三丰对抗元朝、打击贼寇，在武林声名显赫。丹道上，完成炼虚合道修持，形神俱妙。14岁考取文武状元，18岁担任博陵县令，（1280年）辞官出家修道，拜火龙真人为师。**历代统治者对张三丰尊崇有加。**元惠宗敕封"忠孝神仙"；明成祖敕封"犹龙六祖隐仙寓化虚微普度天尊";明英宗赐号"通微显化真人";明宪宗特封号为"韬光尚志真仙";明世宗赠封他为"清虚元妙真君";明熹宗封号"飞龙显化宏仁济世真君"。

明朝洪武年间,**张三丰因寻觅始祖张良的隐居之地、先祖张道陵的成仙之谜,不远万里,云游四川,先到了鹤鸣山**,在玄鹤高飞、清幽爽洁的天谷洞修炼。每日夜晚打坐练功,**白天观景游历,吟诗饮酒**,甚为潇洒。在鹤鸣山天谷洞修炼半载之后,**他听说相传绵竹是始祖张良的隐居之处,又是先祖张道陵所建的"第一靖庐"和"道教四个治"所在地,绵竹又是酒乡**,就来到道教第二治鹿堂山治和张良隐居的白云山。并作酒诗一首。诗云:"沽酒临邛入翠微,穿崖客负白云归。逍遥廿四神仙洞,石鹤欣然啸且飞。""逍遥廿四神仙洞"即,他在"二十四治"的神仙洞里逍遥修炼游历。"穿崖客负白云归"即,常住在始祖张良隐居的白云山饮酒修道,并留下了"**白云山中宿,昨夜醉如泥。**"的醉诗。绵竹白云池酒业就是挖掘传承张三丰酒文化,用白云仙山水酿出的白云池系列美酒琼浆。

张三丰"白云山中宿,昨夜醉如泥。"醉诗石

张良隐居白云山的传说:相传,张良帮助刘邦统一了天下,深知"狡兔死,走狗烹",辞去高官,经西安,翻秦岭至广元、绵阳,沿着崎岖小道,到马尾埔(后来的马尾老街)来到绵竹白云山,在深山密林中看见树上一位鹤发童颜、唇红齿白的老翁唱着"**我无功名我无烦,朝暮独行白云间,恩恕原来无形锁,又有几人能悟穿**"的歌声,张良向前摆手问道:"老人家尊姓名谁,""老者苍苍,不知前秦后汉,不记春夏秋冬,不与百姓争姓,

呼吾山翁即是"，张良请他指点迷津，山翁回答："人间有正道，何不问迷津！"张良跪地，求拜山翁为师，山翁怒目圆睁："深山老林茅棚草根为伴，汝乃国家重臣，享不尽荣华富贵，来此荒山野岭何益？"**张良道："仕途冷恶，不宜争斗，愿隐白云千秋不悔！"**山翁闭目不答，张良长跪不起，叩头触地有声，**山翁叹道："此子心坚如铁"**，这时山翁面色变，按肺惊叫："疼死我了！"张良急忙扶起山翁："请问何药可治？"山翁手指山顶说：**"九顶雪峰，搞二粒冰珠服下即可"**，张良背负山翁上九顶采药，突然脚陷石缝，鞋子如胶粘住，山翁叹道："名利皆记忙，何惜一只鞋？"**鞋子与石头长在一起，至今"一只鞋"遗迹尚存。**走着走着，张良背上的山翁不见了，抬头一望，大惊，山翁正端坐白云之中，抚须大笑，再仔细一看，原来山翁即是他日夜思念的黄石公赤松子，张良连忙叩头再拜。

传说张良、张三丰隐居的白云山　　（寇元林摄）

　　张良与黄石公赤松子来到白云山顶，结茅为棚，修仙炼道，采雪莲，摘灵芝，采天地之灵气，与狼虫同行，求长生不老之身，后人称张良为"白云祖师"。**东汉末年，张道陵**就把以白云山为**中心的张良、黄石公的隐居地——绵竹山**，建设成为道教第一靖庐。

张三丰不愧是道中酒仙，每天在白云山醉饮修道，有一天他从白云山下山，醉饮于绵竹祥符古刹。可见始建于唐宪宗元和五年（810 年），重建于北宋大中祥符年间（1008 － 1016 年）的"祥符寺"规模宏阔、气象庄严、瑰丽壮观就**乘着酒兴、用扫帚**在祥符寺墙壁上挥写了**"重修祥符寺妙"**六个龙蛇体狂草大字，有如龙蛇狂舞之势，飞鸿戏海之姿，下款是**"鹅山张隅书"**。

明成祖**朱棣**听说张三丰在绵竹后，于永乐五年（1407）**派遣礼部尚书胡濙**到绵竹巡访张三丰，三丰预知远离，**胡濙**以不遇之感在祥符寺壁上题诗一首。诗云：

> 高情久矣念离群，独向山中礼白云。
> 龙送雨来留客住，鹿衔花去与僧分。
> 疏星出竹昏时见，流水鸣渠静夜闻。
> 却忆故人江海去，题诗谁是鲍参军。

此诗在明世宗嘉靖九年（1530 年）镌刻于石碑，竖立于大雄宝殿前。**胡濙**在诗中书写了张三丰在绵竹白云和鹿堂仙山自由自在的隐遁生活，连鹿堂山的仙鹿都感到羡慕并衔花与之分享。表达了诗人雨宿佛寺，夕观疏星，夜听渠鸣，一片幽静之中，对故交张三丰的思念，但他身负皇帝使命，所以只有劝勉故人放弃隐遁生活，返朝为官，不要寂寞弃世。

明朝官员、正德十六年进士诗人**王汝宾**在巡游绵竹期间在祥符寺看见了"重修祥符寺妙"六个狂草大字和胡濙在祥符寺壁上留题诗之后，在一次酒宴会上又题诗一首。诗的内容是：

席上奉辞胡韵又题诗一首

明．王汝宾。

宦况凄凉谁与群，偶逢贤俊集如云。

山中竟日不知散，方外清闲喜暂分。

客笑酒罍将欲耻，僧歌佛曲亦堪闻。

磨碑重写尚书字，敢谓予能似右军。

绵竹祥符寺供奉的张三丰像

张三丰书写的"重修祥符寺妙"六个狂草大字，后来刻制于木上，镶嵌在寺的金刚殿外的壁间装板上，游人观赏后人无不啧啧称赞！此遗迹惜于解放后因建仓库后来荡然无存了。民国时期绵竹县衙门大堂内堂侧，将张三丰"重修祥符寺妙"的"妙"字制作成高八尺余，宽三尺余，厚达七寸余的大石碑作为景点装饰。

绵竹还有条"迎祥街"的街名也与张三丰有关。原来，此街经常发生火灾，张三丰醉酒后，在此街施了一个防火碑后，就再无火灾了，这就是绵竹迎祥街名的来历。

在张三丰醉书"重修祥符寺妙"和胡濙尚书在绵竹题张三丰诗壁之后，

又有**李调元、李芳谷、赵敦彝**等几位诗人为张三丰在绵竹醉酒题字和施善作诗。

题张三丰重修翔符寺妙大字墨迹

清·赵敦彝

海上归来意洒然，翔符大字署张颠。

看他凤舞龙飞势，如带千岩万壑烟。

诗纪胡涝殊缱绻，跋题贾令更流连。

金台一去无消息，水远山长五百年。

近年在文物普查中，在绵竹明代建筑兴隆镇上帝宫的大殿墙壁上又发现了张三丰手书宋代诗人高翥《清明日对酒》诗。

张三丰在绵竹上帝宫书宋代 高翥
《清明日对酒》

《清明日对酒》宋代 高翥

南北山头多墓田，清明祭扫各纷然。

纸灰飞作白蝴蝶，泪血染成红杜鹃。

日落狐狸眠冢上，夜归儿女笑灯前。

人生有酒须当醉，一滴何曾到九泉。

三十六、明代名贤刘延龄、首辅刘宇亮与绵竹酒

刘延龄是明代首辅刘宇亮之父，《绵竹县志》记载，"刘延龄是云南归化县和绵竹两县都将其祀为名宦。明万历已未又将其祀为乡贤。"长子刘宇扬，举人，在曾任陕西汉中兵备道、**太常寺少卿**，官至参政任上一边督军剿寇，卫疆保边。一边征集粮食，救济灾民。虽然平寇，救灾二功皆成。但因积劳成疾，**病累交加死在疆场。次子刘宇烈**，明代万历丁未年进士、官至兵部侍郎、吏部侍郎、山东总督，崇祯五年（1632）战死在沙场。

刘宇亮（？—1642年），是**刘延龄的小儿子，明朝万历四十七年（1619）进士，官至内阁首辅**。任首辅后，刘宇亮夜以继日地访民情、理苛政，放粮济灾民，调兵御外扰，使疲惫不堪的明王朝获得短暂的喘息。1619年—1637年这段时间，努尔哈赤和皇太极多次统领大军进攻中原，先后侵占了七十余城，建立了满洲政权。1637年，清军进入长城，京城危在旦夕，刘宇亮于危急之时主动请缨抗击清军，在陈弘绪、刘光祚事件上，**被想当首辅的崇祯帝岳丈薛国观和杨嗣昌等相勾结**，弹劾诬陷，被崇祯帝罢免了总

督和首辅之职。削职归家的刘宇亮眼见大明即将灭亡，报国无门，终日郁郁寡欢，于1642年刘宇亮病逝。

《清代绵竹县志》还载："刘延龄从云南归化县令任上因父母亡故回乡守丧，奉亲丧，寄野寺，半夜有虎企图搏噬，刘延龄因悲伤而呼号痛哭，虎闻声驯服而去。"即：刘延龄孝心连老虎都感动了不吃人了！又载："他为官清廉，赈饥民，当地父老攀

辕卧辙，恋恋不舍。"

江奎艺术博物馆藏明代
神仙瓷塑大酒坛

　　早前刘延龄为官与其妻曹氏和女儿琼姐在过武昌金口驿时遇到了一群强盗，可见船上没有可以抢的，很不高兴，就用长矛三次刺刘延龄的臂，要强暴其妻曹氏和女儿琼姐，二女为守贞节，曹氏怀抱婴儿阿陵和女儿琼姐投江而亡。于是不再娶妻，终身郁郁寡欢，不再热衷于仕宦。"

　　根据《绵竹县志》、《刘氏家谱》记载和刘延龄后裔刘虎成爷爷刘明富和父亲刘华兴的历史回忆：1637年刘延龄大儿子

　　刘宇扬、二儿子刘宇烈先后战死于疆场，三个儿媳，宇亮妻宋氏，宇扬妻李氏、宇烈妻张氏为躲避张献忠掠绵，藏于绵竹西山白崖沟走马坪刘宇亮别墅，后被张献忠部将刘文秀得知后，三氏相谓曰："吾姑昔日涪水遇盗，惧辱投水死，吾辈终有死期。今日受污，异日何以见姑与夫于泉下？于是一同上吊殉节"。也是1637年，清军进入长城，京城危在旦夕，刘宇亮在危急之时主动首辅请缨抗击清军。

　　在家亡和国家存亡的关键时刻，**78岁高龄的刘延龄决定要为国家抗击清军和消灭流寇再做贡献，永葆刘家精忠报国、忠孝节义、慈善传家的家风，同时也为了如果天下有变不让刘氏后裔在敌朝和贼军为官，使其后裔世世代代平安生活，就带领长子刘宇扬之子刘裔丰、次子刘宇烈之子刘裔淳，利用家乡洞天福地、天府粮仓、神山**

仙泉的优越自然条件，创办起了"丰淳酒坊"。因为明朝晚期高度白酒是战争最好、最经济、最方便、最容易得到的伤员消毒剂和鼓舞斗志的振奋剂，又可以使刘氏后裔世世代代平安生活。

当时刘宇亮膝下还有两个儿子，长子刘裔盛，小儿子刘裔充。史料记载：刘裔盛被张献忠部将刘文秀抓去"从贼之官，使回绵移家"，其妻王氏曰："贼之官，汝固可作，贼之妻，我断不为，后自缢死"。小儿子刘裔充因年小被父亲刘宇亮带在身边读书。

1639 年，因为被想当首辅的崇祯帝岳丈薛国观和杨嗣昌等相勾结，弹劾诬陷，被崇祯帝罢免了总督和首辅削职归家。刘宇亮回家后，眼见国家内忧外患、摇摇欲坠，终日郁郁寡欢，见父亲刘延龄不顾 78 岁的高龄还带领两个侄儿刘裔丰、刘裔淳创办了"丰淳酒业"，为抗击清军、消灭流寇做出贡献，也准备办一个酒作坊为国家抗击清军、消灭流寇做出贡献，同时为后代选择一个生存发展的新职业。就在这时长子刘裔盛因为父亲贬官回家和其妻"不愿为贼之妻而自缢"，千方百计地逃出了张献忠的流寇队伍回到了老家，刘宇亮就带领两个儿子刘裔盛、刘裔充办起了"天官酒坊"，1642 年刘宇亮病逝。

绵竹出土的刘宇亮水晶酒壶

相传刘氏家族除创办酒坊、又在绵竹和彭州开银矿，挣了很多钱，做了很多善事，给老百姓造了福，所以数百年来刘天官的故事在川西家喻户晓、父老皆知。绵竹、什邡、彭州等县市还有二十多处古迹都与他们有关，已成为了著名的旅游景点。因为刘宇亮官最大，做过明代首辅，"天官"就是居首，总导百官之意。所以绵竹家乡人数百年来都称刘宇亮为刘天官。

绵竹出土的刘宇亮"首辅请缨"印章等一批文物

相传刘宇亮家族开银矿的彭州银藏沟

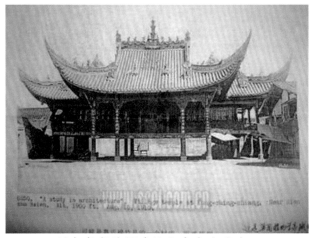

刘宇亮家族捐建的上帝宫古戏台

刘延龄和小儿子刘宇亮捐资修建的灵官楼

刘延龄和小儿子刘宇亮捐资修建寺庙的无隐寺、冒木井

白云池酒业，明代刘宇亮"天官酒坊"旧址

刘宇亮家族捐资修建的上帝宫

刘宇亮和刘宇烈捐资修建的绵竹关帝庙

刘延龄创办的丰淳酒业有十分丰富的文化内涵

取名为 "丰淳酒业" 的原因：

第一、因为刘宇扬的儿子名字叫刘裔丰、刘宇烈的儿子名字叫刘裔淳，加起来就是"丰淳"。寄托了刘延龄对孙辈团结奋斗，共同办好"丰淳酒业"之愿望。

第二、刘延龄是举人，古文字学家，他认为：

古代"丰"字有两种写法："丰"和"豐"，都有不同的深刻文化内涵。

"三"横一竖"的"丰""∣"字的"丰"，"三"：为"天、地、人"之意。"一竖"的"∣"读（gun），为贯通之意。合起来"丰"字的意思就是贯通天时、地利、人和之意。

226

在国家内忧外患、天下大乱之时，他希望酿酒能为国家做出贡献，能带来"天地人和"、天下太平的好运。"王"字是"三横一竖"，"丰"与"王"字同理，都有**贯通天、地、人之意**。

古文"**豐**"**字像一高足器皿中盛满稻穗一类的谷物，表示丰收**。本义："**豐**"：下面是豆（盛酒器）中盛满用粮食酿成的美酒之意。

用"淳"不用"醇"的深刻文化内涵：

汉代许慎《说文解字》曰："淳"，渌（lù）也，水清之意也。"淳"由三点水（氵）和"享"字组成。

三点水"氵"表示"清泉"。"享"："享受"之意。"丰淳"两个字合起来意思是：**呈献用粮食和清泉酿出的美酒，让人享受之意**。另外，对饮酒者也有很好的寓意，喝"丰淳酒"会给人们带来"天时地利人和"的美好之意。

为什么刘延龄不用本身就表示"**酒**"的"**醇**"字，而用三点水的 "**淳**"呢？

一是因为，**刘裔淳的"淳"**就是这个"**淳**"。二是，"**淳**"有**笃厚、厚道、朴实**的意思。刘延龄希望孙子们**做酒业要和做人一样，要厚道、淳厚**。

江奎艺术博物馆藏明代黑釉四系大酒坛

227

三十七、张献忠剿四川与绵竹酒

张献忠（1606年9月18日－1647年1月2日），字秉忠，号敬轩，外号黄虎，陕西延安府庆阳卫定边县（今陕西定边县）人。明朝末年农民军领袖，与李自成齐名，大西政权的建立者。

张献忠剿四川使四川人口锐减，百业凋敝，清代初年实行了大规模的移民填川运动，陕西略阳县一些酿酒移民把带来的酿酒技艺与绵竹传统的酿酒技艺相结合，通过对曲药、蒸馏方法的改革，酿出了驰名全国的绵竹大曲酒，又称"清露大曲"。康熙年间，移民填川运动的著名酿酒师朱煜在绵竹城西开创了"天益老号"，利用绵竹得天独厚的自然条件和本地独有的酿造方法，酿制出了新一代的绵竹大曲，很快便风靡全川乃至全国。

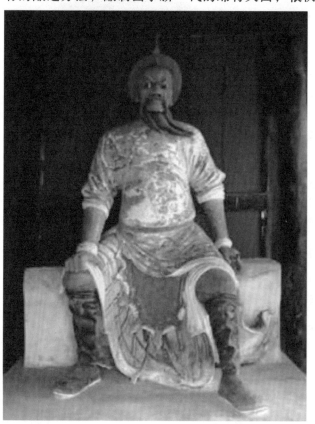

此后相继有杨、白、赵三家大曲坊开业，形成城西酿酒作坊集中地带。

根据史料记载，陕西省略阳县绵竹的酿酒人不仅把他们的酿酒技术与绵竹酿酒技艺相结合，酿出了名扬天下的绵竹大曲，而且还带来了陕西省略阳县的酿酒文化（陕西省略阳县酿酒人家都要在酒坊门口挂一个木瓶酒招，相当于酒旗，是"上天造酒说"的文化现象）。

根据绵竹《江氏家谱》记载：现在的绵竹剑西酒业掌门人江平贵先生的祖辈育樑公也是清代康熙58年从广东惠州永安县入川绵竹，制曲、酿大曲酒的最早技师之一。

　　《江氏家谱》记载："明朝末年，天下大乱，张献忠剿四川杀人屠城，田地荒芜，少耕种，满清入关，统一中原，移两湖两广之民填川以插占圩。我祖满海公妣张老孺夫人率五子康58年由广东惠州永安县入川绵竹，入川二世祖育樑公（字曲春），居绵竹城西金安桥，因来时太晚，由川东至川西无田地可插，则各自谋生。育樑公有制曲、酿酒之术，城西水质甘洌，乃从酒业，其后代薪火相传矣。""因为酒坊在金安桥，为祈求迁居绵竹开创酒业"万

　　江奎艺术博物馆藏绵竹清代初期"大曲醇香"酒招就是张献忠剿四川后，陕西省略阳县酿酒人填绵竹的重要酒文物。

福金安"之意，育樑曲春公，就将酿出的大曲酒取名为"金安春"。"（金安春在 80 年代就被国家农业部评为部优产品）。其子孙世世代代都以制曲、酿酒为生。

到清代末年第十代传人、曾祖江高富时，为永远纪念入川二世祖曲春公的功德，在继续酿造金安春大曲酒的同时，又以二世祖江曲春之名创立了著名的"曲江春"小曲作坊。这在《绵竹县志》都有明确记载，《绵竹县志》云："小曲作坊以'第一春'、'曲江春'、'永生春'、'德永春'等作坊著称"。

曲乃酒之骨，酒曲是酿制醇香浓厚的酒最重要的关键所在，酒曲对酒的浓度、醇香度、出好酒的数量起着决定性作用。据《绵竹县志》记载，清代民国时期绵竹制曲有七家，《江氏家谱》记载，二世祖育樑公（字曲春）是张献忠剿四川，福广填四川入绵竹的最早的酿酒制曲大师之一，江氏酒曲是清代民国时期最大的一家。

解放后，第十三代传人江太松因家住绵竹城西郊区今剑南春酒厂不远处，不属于城区工商业，故未归入绵竹大曲酒厂（今剑南春酒厂）。

三十八、清代著名学者李调元与绵竹大曲酒

李调元（1734年12月29日——1803年1月14日），中国清代戏曲理论家，诗人。字美堂，号雨村，别署童山蠢翁。1734年，李调元生于四川罗江（今属安县宝林镇）。父亲李化楠是乾隆年间进士，官至保安同知（官名），其诗作《万善堂诗》清婉雍容，名震一时。李调元、遂宁张问陶（张船山）、眉山的彭端淑合称清代四川三大才子。

乾隆时期，翰林院庶吉士李调元把绵竹

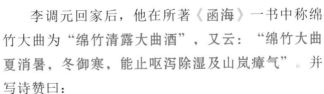

大曲酒带到北京去。据说和珅最喜欢绵竹大曲，经常求李调元送给他。李调元看不起和珅的为人，不愿意把绵竹产的大曲酒给他喝，因而得罪了和珅，和珅叫李调元反对考试作弊指使其下属谎报国库金银被盗案来诬陷李调元，终于使李调元被贬回家。

李调元回家后，他在所著《函海》一书中称绵竹大曲为"绵竹清露大曲酒"，又云："绵竹大曲夏消暑，冬御寒，能止呕泻除湿及山岚瘴气"。并写诗赞曰：

"天下名酒皆尝尽，却爱绵竹大曲醇。"

李调元在他的《童山诗集》描绘他自己饮绵竹大曲酒时的情景，诗曰：

不复序齿竟就座，转瞬瓶罄空壶觞。

枯肠得酒高兴发，亦自起舞如巫娘。

群儿拍手父老笑，此翁无奈今之狂。

我醉欲眠客亦去，觉来晚鼓闻烧香。

三十九、乾隆皇帝、和珅、纪晓岚与绵竹大曲酒

乾隆皇帝

乾隆皇帝（1711－1799年），清朝第六位皇帝，定都北京后第四位皇帝。年号，寓意"天道昌隆"。25岁登基，在位六十年。退位后当了三年太上皇，实际掌握最高权力长达六十三年零四个月，是中国历史上执政时间最长、年寿最高的皇帝。乾隆帝在位期间平定大小和卓叛乱、巩固多民族国家的发展，六次下江南，文治武功兼修。

乾隆帝时期文化、经济、手工业在有清一代算是比较繁荣，主要物品产量还是没有赶上明代，但在位后期奢靡，使清朝统治出现了危机，发生白莲教起义，文字狱之风比康熙时更严酷，束缚了人民的思想，闭关锁国，骄傲自大的思想，使清朝国力日益衰败。庙号"清高宗"，葬于清东陵－

裕陵。

和珅（乾隆十五年（1750年）－嘉庆四年（1799年2月22日）正月十八日），钮祜禄氏，

字致斋，原名善保，满洲正红旗人，清高宗乾隆皇帝的宠臣，以巨贪而出名。

纪昀（1724 年 8 月 3 日 -1805 年 3 月 14 日），字晓岚，别字春帆，号石云，道号观弈道人、孤石老人，直隶献县（今河北省献县）人。清朝政治家、文学家

相传，清朝乾隆时期因为和珅喜欢喝绵竹大曲，李调元看不起他的人品，不送给他就诬陷李调元，纪晓岚对李调元被和珅陷害愤愤不平。

相传，有一次**乾隆**皇帝身穿便装，邀和珅和纪晓岚去宫廷外的**酒肆踏青、品民间美酒**，当时北京的酒肆在沙河和清河之间，乾隆皇帝先在清河酒肆品酒未过兴，又叫和珅和纪晓岚到沙河酒肆去喝酒，走到一个**挂有四川绵竹大曲的"川食酒肆"**，和珅忙说此酒特别好喝，于是君臣一起坐下共饮。

乾隆皇帝一边饮酒一边赞曰："**此酒比宫廷御酒更味美！**"并命和珅**作为宫廷御酒。**

君臣尽兴之后，乾隆皇帝看见水浑的沙河问和珅曰："清河水和沙河水孰深？" 和珅被绵竹大曲已经醉得语齿不清，回皇上曰："是（沙河深）杀和珅！"乾隆皇帝也同样醉得语齿不清，曰：朕知矣，"杀和珅"！心恨和珅的纪晓岚，大声吆喝道："来人！拿下和珅杀掉！"和珅这时酒被吓醒，忙给皇上跪下叫饶命。

北京川食酒肆

乾隆皇帝也被吓了一大跳，忙对纪晓岚曰："是朕失言！" 纪晓岚对曰："君无戏言！"乾隆皇帝因酒失言，免了和珅的死罪。

四十、清代诗人李芳谷与绵竹大曲酒

李芳谷本名李德扬，自号香吟，绵竹人，生于清代嘉庆年间，博学多才，嗜好文墨，尤善吟咏，富甲一方，取李白《春夜宴桃李园序》中会桃花之芳园，叙天伦之乐事句，名叙乐园，蜀中文人骚客多会于此。驰名遐迩，被誉为博学诗人。作有数部诗集。

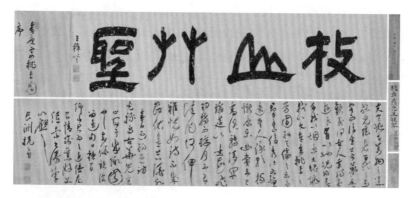

江奎艺术博物馆藏明代祝枝山草书李白《春夜宴桃李园序》

咏绵竹大曲酒　清代、李芳谷

帘标绵竹号，水酿墨池良。　御麦名原贵，成都味不香。

备仪称土物，却病比参强。户独惭余小，三焦未敢尝。

又赞曰："出山更比在山好，越境风吹扑鼻香"。

绵 竹 大 曲 酒

(清)李芳谷

叙州酒有绿荔枝，只因道远少举杯。

眉州酒有玻璃春，今日无传未沾唇。

何如绵竹出大曲，美超中江与丰谷。

功同人参效益兼，朝饮三杯不厌复。

我生斯土十余年，性酷漫酒如青莲。

有时飞觞醉明月，恰似长鲸饮百川。

况逢佳酿出邑中，岂令金樽日日空。

沽来花前相对酌，漫道当时之郫筒。

曾访酒家问酿诀，妙造此酒河清洁。

佳法不妨仔细谈，彼为余言从头说。

水取西门清可用，得水其法任操纵。

熟蒸五谷曲蘗和，倾下地窖宜郑重。

七日来复酒气香，烤出佳汁似琼浆。

出山更比在山好，越境风吹扑鼻香。

吁嗟此酒莫与京，愿学酒仙借浇情。

古来圣贤皆寂寞，惟有饮者留其名。

因思竹林刘阮辈，声华卓卓传几代。

饮酒尚论古之人，举杯当与古人对。

对酒高歌聊复尔，醉翁之意不在此。

每日昏昏醉梦中，何忍醒眼看俗扉。

天桥馨香酒可沽，红颜乍看坐当垆。

风流绝似文君态，面与桃花一样朱。

射 水 河 泛 舟
(清)李芳谷

河源三箭水盈盈，薄暮中流放棹行。

斗酒自携鱼自网，坡酒风月共心情。

    清代李芳谷写了三首绵竹大曲的诗，写出了绵竹大曲在清代的巨大影响力，酿造方法、醉饮绵竹大曲如仙一样的美好感受，以及绵竹大曲通过三箭水射水河日夜繁忙销售全国的情景，对研究绵竹大曲在清代的酿造方法和历史有巨大的价值。

四十一、清代诗人赵敦彝与绵竹大曲酒

赵敦彝，字古尊，绵竹人，清代嘉庆时期秀才。一生勤勉好学，博通经史，尤善诗文，作诗笔致清雅，时有佳句，为蜀中诗人墨客所称道。著有《问月楼诗抄》、《问月楼诗钞续集》，计1400余首。

几载庐山住，松花满衲袍。

形如孤鹤瘦，人比大苏豪。

酿酒留仙醉，吹箫待月高。

共谁游赤壁，清兴寄波涛。

此诗是赞绵竹武都山道士杨世昌与苏东坡醉饮绵竹美酒游赤壁。

四十二、清代诗人李锡命咏绵竹大曲酒

《拇 阵》

清·李锡命

李锡命：清代诗人李芳谷之子，善诗画。

良宵偕友倒金樽，拇阵称雄不厌喧。

赌酒豪来争胜负，猜拳出去任掀翻。

屈伸多寡看灵敏，排解抵挡许救援。

一品三元掀得了，斗茶旋趁盏犹温。

《咏 绵 竹》

清·李锡命

山程水陆货争呼，坐贾行商日夜图。

济济真如绵竹茂，芳名不愧小成都。

清代康熙年间是绵竹酒的重要发展阶段。这个时期，在原有白酒的传统工艺基础上通过对曲药、蒸馏方法的改革，酿制出绵竹大曲。绵竹大曲，又称"清露大曲"。至清康熙年间，**绵竹大曲已达到"味醇香，色洁白，**

状若清露"的妙境，形成了独具一格的酿造工艺。

《绵竹县志》记载"绵竹大曲酒，邑特产。味醇香，色洁白并带来了销售业及相关行业的兴旺发达。

清代诗人李锡命《咏绵竹》以小成都来赞誉绵竹古代交通通畅发达、百姓殷实、经济繁荣的繁盛景象。"山程"指黑水，茂汶、芦花、九寨沟那边的山货大多是通过绵竹山的古栈道出川。 "水"指绵竹清道射水河。

此河在民国之前是绵竹重要的交通枢纽。绵竹大曲酒、年画、叶烟，以及茂汶、九寨沟的商品大多是经过射水河到岷江再到长江出川，然后又将全国商品经岷江到射水河到绵竹再到茂汶、九寨沟等。

绵竹清代酒业繁荣老照片

"陆"指绵竹通往成都、云贵川、甘肃、陕西等路。**即是通过山路、水路、陆路将绵竹大曲、绵竹年画、茶烟等商品运往全国各地。**绵竹、什邡都在

绵竹大曲荣获劝业会大曲之冠

射水河岸边出土了春秋战国时期的众多船棺和数千件珍贵文物，很多是国家一、二级文物，如绵竹战国提梁壶等。说明射水河自古以来就是绵竹的母亲河，是古代社会的水上高速，这

237

是绵竹盛产美酒、年画产品远销全国和东南亚地区的交通渊源。当时，绵竹酒家林立，从清代到民国年间，作坊达数百家。**绵竹大曲和绵竹年画等远销陕西、甘肃、青海、云南、贵州、湖南、广东、广西、新疆、港、澳等几十个省和地区。**"坐贾行商日夜图"：坐贾行商纷至沓来，络绎不绝，日夜繁忙。城内茶房客栈、运输行业，格外兴盛，一派繁荣景象。以故，清翰林学士李调元宦游遗迹遍及半个中国，而对绵竹大曲情有独钟，自谓"天下名酒皆尝尽，却爱绵竹大曲醇"。随之酿酒作坊也兴盛起来，而以朱、白、赵三家规模最大，且都集中在水好的西门。所以，**清代诗人李锡命诗云："济济真如绵竹茂，芳名不愧小成都。"**

四十三、张之洞、杨锐与绵竹大曲酒

张之洞（1837.09.02—1909.10.04），字孝达，号香涛，又是总督，称"帅"，故时人皆呼之为"张香帅"。晚清名臣、清代洋务派代表人物。

杨锐（1857年—1898年9月28日），字叔峤，四川绵竹人，晚清维新变法时期干将、"戊戌六君子"之一。光绪二十一年（1895）参与发起强学会。光绪二十四年（1898）创立蜀学会，参与著名的戊戌变法。1898年被处斩于菜市口，年仅41岁。遗著有《杨叔峤文集》和《杨叔峤诗集》等。

杨锐和杨聪兄弟俩都是张之洞在清代同治十三年（1874）任四川学政时所创办的尊经书院的学生，**张之洞发现杨锐两兄弟才华横溢，将两兄弟比喻为当时的苏轼、苏辙。**不到20岁的杨锐深得张之洞钟爱，张之洞离开四川升任两广总督，很快他就把杨锐招到身边当幕僚，并一直与杨氏兄弟

感情深厚，尤其对杨锐简直情同父子。杨聪的志向在终身从事教育事业上，不愿为官。这样杨聪与老师张之洞和弟杨锐天各一方。张之洞和杨锐政务繁忙，很难与之相见。杨聪就每年托人带一些绵竹大曲和其他土特产给他们。

张之洞曾两次担任两江总督，南京最早的兵工厂——江南制造局（晨光厂前身）、最早的高等学府——三江师范学堂（南京大学、东南大学、南师大等著名高校的前身），都是在张之洞一手倡导下开办和建立的。虽说张之洞在政治上维护封建统治和封建伦理，与近代民主新潮流相对立，但他在晚清官僚中还是难得的开明派。他对年轻一代爱国知识分子的成长产生了积极的影响，因此孙中山曾称赞他是"不言革命的大革命家"。

1894 年，甲午中日战起，张之洞移督两江，杨锐也来南京成为他的幕僚。一夜月朗风清，张之洞和杨锐同游台城，杨锐提着兄长杨聪刚刚托人带来的绵竹大曲酒在鸡鸣寺山上的经堂侧楼上请老师张之洞置酒

张之洞在四川任学政办尊经书院

欢谈，纵论诸子百家、古今诗文。当老师张之洞提到杜甫的《八哀》诗，杨锐能够朗诵无遗，尤以《赠秘书监江夏李公邑》中的后四句**"君臣尚论兵，将帅接燕蓟朗咏六公篇，忧来豁蒙蔽"**，反复诵之，令张之洞大为感

南京鸡鸣寺张之洞和杨锐置酒欢谈处

动。因为当时对日本的侵略，举朝主战，但屡次挥师出关，频告失败，清廷的昏愦无能使有识之士深虑国势险危，**杨锐把酒诵诗的情景也给张之洞留下了深刻的印象**。甲午战败，时局愈益动荡，维新派人士积极推动变法图强，已升至内阁中书的杨锐成为其中活跃一员。1898年春，光绪皇帝实行戊戌变法，百日维新中，杨锐出任四品军机章京，参与新政。同年9月12日，慈禧太后发动政变，幽禁了光绪皇帝，并把谭嗣同、杨锐、林旭、刘光第、杨深秀、康广仁六君子杀害在京城菜市口，这是中国近代史上的悲壮一幕。

在杨锐被捕后，张之洞想尽一切办法营救，当听闻杨锐遇害消息后，深感震惊。几年后，张之洞再督两江时，重游鸡鸣寺，徘徊于当年和杨锐彻夜痛饮绵竹大曲把酒吟诗、谈古今的地方，仍然不忘故人。感时怜贤，依然悲痛不已！

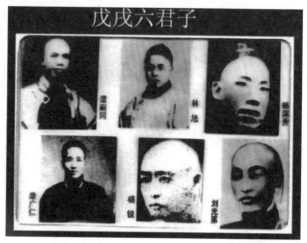

于是在光绪三十年（1904）为纪念杨锐，倡议起楼。取杨锐与之彻夜痛饮绵竹大曲所诵古诗"忧来豁蒙蔽"一句，张之洞并命名书匾曰"豁蒙楼"。还写了跋文：

余创于鸡鸣寺造楼，尽伐丛木，以览江湖，华农方伯捐资造楼，楼成嘱题匾，用杜诗"忧来豁蒙蔽"意名之。光绪甲辰九月无竟居士张之洞书。

张之洞还为《鸡鸣寺》"豁蒙楼"题写的一首五言诗：

雨暗覆舟山，泉响鸡鸣埭，埭流南湖水，僧住南朝寺。当时造官城，选北陵坷地，朝市皆下临，江山充环卫。白门游冶子，沓拖无生气，心醉秦淮南，不踏钟山背。一朝辟僧楼，雄秀发其秘，城外湖皓白，湖外山苍翠。南岸山如马，饮江驻鞍镫，北岸山如屏，萦青于天际。鹭洲沙出没，浦口塔标识，烟中万楼台，渺若蚁蛭细。亦有杜老忧，今朝豁蒙蔽。

从此之后，鸡鸣寺山上的豁蒙楼，便成了一处眺望风景、感怀时事、追念前贤杨锐的金陵名胜。

张之洞所建纪念杨锐的"豁蒙楼"

自近代以来，不知有多少志士仁人、才彦俊杰登临斯楼，心潮起伏。直至今天，虽然当年张之洞题写的匾额已经不存，但其人其事早已成为历史佳话。张之洞还为豁蒙楼题写一副对联：

不殊风景仍如昨，

独立苍茫自咏诗。

豁蒙楼位于南京市玄武区鸡鸣寺内、鸡笼山东北端。

楼上还悬挂有梁启超撰写的对联：

江山重叠争供眼，

风雨纵横乱入楼。

足以表述**豁蒙楼**的气概。

刘成禺《世载堂杂忆》记载：杨锐系张之洞督学四川时的得意门生。张之洞建两湖书院时，**"以锐为史学分校，之洞关于学术文章，皆资取焉"**。张之洞调任两江总督后，"某夜，风清月朗，便衣简从，与杨叔峤锐同游台城，憩于鸡鸣寺，月下置酒欢甚，纵谈经史百家，古今诗文，憺然忘归，天欲曙，始返都廨。**置酒之地，即今日豁蒙楼基址也**。……此夕月下清谈，及杜集《八哀诗》，锐能朗诵无遗；对于《赠秘书监江夏李公邕》一篇，后四句'君臣尚论兵，将帅接燕蓟；朗咏《六公篇》，忧来豁蒙蔽'，反复吟诵，之洞大感动。盖是时举朝主战，刘岘庄、吴清卿统兵出榆关者，前后相接，溃败频闻，而宰相重臣，无狄仁杰诸君子者，忧来豁然，知时局之阽危也"。

豁蒙楼一角老照片

"戊戌变法失败，杨锐遇难，张之洞倍感伤悲。再度任两江总督期间，他重游鸡鸣寺，又忆及与杨锐对酒吟诗的情景，感时怜贤，依然悲痛不已。光绪三十年（1904）张之洞在鸡鸣寺涵虚阁旧址砌楼，取名豁蒙楼，还为此楼题写匾额，并跋："余创议于鸡鸣寺造楼。尽伐丛木，以览江湖。华农方伯捐资造楼，楼成嘱题匾，用杜诗'忧来豁蒙蔽'意名之。"

刘成禺（1876—1952），祖籍湖北武昌，出生于广东番禺，中国近代民主革命家，辛亥革命元老。1903 年加入兴中会，并入日本成城陆军预备学校，因发表革命演说，被迫离开日本。后赴美国，入美国加利福尼亚大学攻读。1911 年武昌起义爆发后回国，投身辛亥革命。1912 年任民国临时参议院湖北省参议员、临时参议院议员。1917 年 8 月，任广州国会非常会议参议院议员；9 月，被孙中山先生聘为大元帅府顾问；1923 年 3 月，被孙中山任命为大本营参议；1932 年回到湖北；1952 年在湖北武昌病逝。

可惜，后来的一场大火将鸡鸣寺里的豁蒙楼以及观音阁、景阳楼等都焚毁了。如今的寺院及建筑系此后重修，其景、其物都已非当年景致了。

四十四、绵竹年画大师黄瑞鹄与绵竹大曲酒

黄瑞鹄简介：黄瑞鹄，字宗翼，1865 年（清同治四年）生于绵竹城关，卒于 1938 年，享年 73 岁。

黄瑞鹄是绵竹清代晚期、民国期间绵竹年画最著名的年画大师。绵竹年画《迎春图》是他创作的一组现实主义和浪漫主义相结合的力作长卷。每幅长 150 厘米，宽 48 厘米，全套共四幅。属**国家一级文物**，被专家学者称为：**"清代的清明上河图"。《迎春图》是黄瑞鹄三十八岁时，受清末绵竹富商杜敬成之聘，在杜敬成家天天醉饮绵竹大曲，花半年时间醉画出来的春游风俗巨作。**

绵竹年画《迎春图》是一幅具有载史功能的年画长卷。它以清代绵竹县城迎春盛会全景为表现内容，具体而真实地描绘了四百六十多个不同年

龄、不同职业、不同身份、不同穿着、不同打扮的人物形象和各种丰富多彩的民间迎春活动和商业活动。其内容为"迎春""游春""闹春""打春"，具有极高的清代四川民俗、民风和艺术研究价值。

黄瑞鹄自幼习画，家境贫寒，对人物画造诣最深，其作品多以历史题材为主，曾为绵竹多家年画作坊创作粉本（画稿）。黄瑞鹄多以历史典故、戏曲故事、风俗民情等内容入画，**黄瑞鹄是一位艺术功底深厚的年画画家**，其代表作有《迎春图》《紫薇高照》《十八学士上瀛台》《苏武牧羊》《虎溪三笑》《三国故事》《兰亭雅集图》《投笔从戎》《带子回朝》《二进宫》《正气歌》《晋代董狐笔》《童趣图》等。

历史上很多艺术巨作都与酒有关，如王羲之的《兰亭序》、张旭的《古诗四首》等，黄瑞鹄的《迎春图》也是如此。黄瑞鹄特别喜欢喝家乡特产绵竹大曲酒，又染上了吸鸦片烟的恶习，以致生活逐步困难，孤身未娶，他靠卖画为生。

黄瑞鹄嗜酒如命，不仅是这幅国家一级文物《迎春图》是用绵竹大曲醉出来的，据记载他还有很多画都是绵竹大曲酒醉出来的。如，**他给城内松盛祥酒铺画有《红楼梦》中的《宝钗扑蝶》《黛玉葬花》《宝玉出家》**；给杜家信和祥酱园画的几个三国故事宫灯《七擒孟获》《火烧藤甲兵》《赵云大战长坂坡》等，给城东街元亨永丝烟铺画的8个《三国演义》方灯，《三顾茅庐》《赤壁大战》《桃园结义》等。都是他天天喝着绵竹大曲酒在醉意中创作出来的年画佳作。

四十五、刘湘、刘文辉、邓锡候、乔毅夫、乔诚等与绵竹大曲酒

刘湘（1988.7.01-1938.1.20），谱名元勋，字甫澄，法号玉宪，四川成都大邑人，民国时期四川军阀，国民革命军陆军一级上将，四川省主席，重庆大学首任校长。四川陆军速成学校毕业。

1935年2月，出任四川省政府主席，卢沟桥事变爆发的第二天，刘湘即电呈蒋介石，同时通电全国，吁请全国总动员，一致抗日。1937年10月15日，刘湘被任命为第七战区司令长官，兼任集团军总司令，率领川军带病奔赴抗日前线。在抗战前线吐血病发，于1938年1月20日在汉口去世。死前他留有遗嘱："抗战到底，始终不渝，即故军一日不退中国境，川军则一日誓不还乡！"

刘文辉（1895.1.10-1976.6.24），字自乾，法号玉猷。刘湘的叔叔，俗称"刘幺爸"。民国第二十四军军长，陆军上将。四川省主席，四川争霸战的主角之一，在川军五行中他属火。政治上神通广大，人送外号"多宝道人。"曾主政西康省十年之久，人称"西康王"。1944年冬加入民革，任中央委员。1949年12月9日率部起义，1955年被授予一级解放勋章。历任西南军政委员会副主席，四川省政协副主席，国家林业部部长。1976年病故。

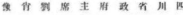
四川省政府主席肖像

邓锡侯（1889.5.24-1964.3.30），字晋康，四川省营山县回龙乡邓家花园人。中华民国军事将领。1937年率领第二十二集团军出川抗日，集团军总司令。曾任国民政府四川省主席。1938年至1948年担任川康绥靖公署主任，统领四川省和西康省的军权。1949年12月率部起义。新中国成立后，曾任西南地区水利部部长、四川省副省长，第一、二届全国人大代表等职。1964年3月30日在成都病逝，享年75岁。邓锡侯是民国四川保定系实际第一首领。1955年9月23日荣获一级解放勋章。

杨 森（1884.2.20-1977.5.15），字子惠，原名淑泽，又名伯坚，四川广安县龙台镇寺人，民国时期四川军阀，川军著名将领。国民革命军陆军二级上将，贵州省主席。杨森与"水晶猴子"邓锡侯、"巴壁虎"刘湘、"多宝道人"刘文辉，"王灵官"王陵基并称川军五行。

乔毅夫：四川绵竹人，四川陆军速成学校毕业，与刘湘是同学，后担任刘湘的高级参谋。1909年任云南讲武堂教官，1921年任川军总司令和四川省省长驻汉口办事处特派代表，1936年任川康绥靖公署高参，1938年任川陕鄂边区绥靖公署中将高参，1948年任四川省政府顾问，1949年12月9日在四川彭县起义。

乔诚（1905-2005.11.02）别名明善，四川绵竹人，民国成都市市长，1975年4月任四川省人民政府参事室参事。 四川省人民政府参事、中国国民党革命委员会成员，因病于2005年去世。

刘湘、刘文辉、邓锡侯照片（中：刘湘，右：刘文辉，左：邓锡侯）

"民国时期四川大人物刘湘、刘文辉、邓锡侯、杨森等都喜欢喝酒，最喜爱喝的是绵竹大曲酒"。这是民国时期成都市市长乔诚（绵竹人），1983年4月回绵竹时，在我岳父张恩荣家中，一起喝剑南春酒时的历史回忆。

我岳父张恩荣是1949年到绵竹接管民国的政权者之一，因乔诚对和平解放绵竹有功，乔诚又带领川军到我岳父的家乡山西运城打过日本侵略军，同时在乔诚改造时期，根据政策我岳父张恩荣对其小儿子安排了工作，对其家人安排了房子。所以 乔诚与我岳父结下了深厚的友谊。乔诚最爱喝家乡的绵竹大曲，和剑南春，他在我岳父家两人曾多次一起喝酒。乔诚很健谈，在喝酒中，乔诚说："民国时期绵竹大曲在成都是影响最

大、知名度最高、销量最好的、口感最好的名酒，1979 年台湾商务印书馆出版的《四川经济志》记载：四川大曲酒，首推绵竹。"也谈到他父亲乔毅夫也特别喜欢喝绵竹大曲。

乔毅夫也是绵竹人，是刘湘的同学，国民党陆军中将，曾担任刘湘的高级参谋，云南讲武堂教官，1921 年任川军总司令和四川省省长驻汉口办事处特派代表等。乔诚说："我父亲乔毅夫经常与刘湘一起喝酒，大多也是绵竹大曲。刘湘喝酒瘾很大，平日在家中，独斟独饮，也要喝个半斤八两不会醉。"

民国成都市市长乔诚酒话（岳父张恩荣回忆录）

在我岳父的回忆录中还有很多乔诚在与他喝酒时，关于绵竹大曲的酒话：

1、"刘湘爱饮酒，常过量，所以他很早就患上贫血症和胃溃疡。他是川军抗战主帅，在带病抗战中，为了解乏，也要喝酒，也许他 48 岁英年早逝，是与过量饮酒有一定关系。"

2、"当时四川省和成都政府大凡重要酒宴也多用绵竹大曲酒招待客人，在南京政府和后来重庆办政事、请客送礼很多都是用绵竹大曲。"

3、"30 年代中期，绵竹创新酿造的"冷气大曲"刚上市，在成都、重庆、南京等城市引起一阵轰动。绵竹大曲和绵竹冷气大曲销路很旺，有时供不应求，1943 年还在重庆、南京、上海等几家日报、晚报上刊登谢客启事。""在南京和重庆刊登主要是南京是国都，重庆是陪都。在上海刊登是因为上海最繁华，外国人也多。"

4、"外国人也喜欢喝绵竹大曲，绵竹的酒家大多数都在各自的酒标上印有中文和外语两种文字。"战争时期，四川是大后方，成都的外国人、传教士，以及全国的有钱人、名人在成都很多，绵竹在成都的大曲酒肆也很多，大概是五六十家。"

1992年夏天，乔诚已是88岁高龄了，回绵竹老家，在他儿子的陪同下到我岳父家做客，还给我岳父亲送了一幅亲自书写已装裱好的魏碑楷书作品《录濂溪书堂诗》。乔诚的书法是唐楷的间架，魏碑的笔法，笔划严谨、朴厚灵动，我岳父亲也是书法爱好者，看到乔诚88岁高龄还能写那么好的字既感动又佩服，视为至宝。

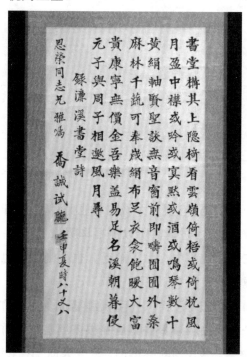

乔诚书赠岳父张恩荣书法，现在是江奎艺术博物馆珍藏的名人墨迹之一。

下面是绵竹部分清晚、民国时期的部分酒商标，从这些清晚、民国时期绵竹的酒标中，可以窥见当时绵竹酒的历史辉煌。

清代葫芦形凤凰纹纯金酒壶、
江奎艺术博物馆藏

四十六、国画大师陈子庄与绵竹大曲酒，
王缵绪、齐白石、黄宾虹与绵竹大曲

陈子庄（1913-1976年），笔名石壶，中国现代著名国画家，人称"陈风子""酒疯子"，他便以此名落画款，自我解嘲。石壶擅山水、花鸟、人物。其作品不矫饰、不做作，信手拈来，妙趣无穷。被誉为"中国的梵高""画坛怪杰"。

陈子庄被称为"东方梵高"，大抵因为陈子庄的人生轨迹与梵高有着惊人的相似。荷兰画家梵高生前也毫无名气，画作几乎一幅也卖不出去。因此生活窘困，且被人当作疯子，直到去世后才声名大震。他存世作品的价格成百倍地翻番，英国国家美术馆收藏的这幅《花瓶里的十五朵向日葵》，**价值约7250万英镑（约合人民币5.8亿元）**。梵高画作《加歇医生》，在纽约佳士得拍卖行拍卖价格高达8250万美元，《约瑟夫鲁林肖像》，在1998年阶段，也以5800万美元的价格被卖出去。陈子庄的画同样如此，他生前十分贫穷，连宣纸都买不起，别人为他提供宣纸，他给别人画了数百张画都被糊了顶棚、窗子或开了屁股。陈子庄生前不但寂寥无闻鲜为人知，经历还颇多波折。最后贫病交加，于1976年7月3日默默谢

陈子庄画绵竹汉旺作品

世于成都，终年 63 岁。

直到 1988 年，《**陈子庄遗作展**》在中国美术馆举办，**在海内外引起巨大轰动，他几乎一夜之间名满天下，**他的艺术创造得到极高的赞誉，被誉为"**中国的梵高**"。著名美学理论家王朝闻曾说："陈子庄的作品，显示了不傍人门户的独特面貌。这就是创造，也就是前进，这就是传统的继承。他的自然生命虽然已经结束，但他留下的作品却显示着中国画不会灭亡的生命力。"并认为，陈子庄的作品具有"**八大山人的空灵简约，石涛的恣纵驰骋，黄宾虹的笔墨浑苍，齐白石的淳朴率真，丰子恺的纯情自然**"等特色。著名文艺评论家冯其庸说"陈子庄的名字在历史上将与吴昌硕、齐白石、八大、石溪等并存！"

江奎艺术博物馆藏陈子庄画

著名画家、美术教育家吴冠中说："陈子庄是一个伟大的画家，他的小品精彩极了。要用小品表现大自然是很困难的，但是他做到了。"

江奎艺术博物馆藏名家收藏并出版的陈子庄花鸟画

著名美术评论家孙克也说："陈子庄无愧为文人花鸟画大师的称号，是继吴昌硕、齐白石之后，能远超青藤、八大的画家。"

陈子庄的绘画艺术，在其生前就曾得到过潘天寿、吴作人、李可染等知名艺术家的赞赏和肯定。

江奎艺术博物馆藏多次出版的陈子庄画

潘天寿看过他的作品后，说他胸次高旷，笔墨意境都很好，不带一点俗气。吴作人看过他的作品后，也是赞不绝口，并向有关方面作了推荐。李可染看过他的作品后，连声叫好，并遗憾地说："我以前去四川时怎么没有见过！"

陈子庄的作品已被收入《中国美术家大辞典》和《近百年美术史册》。文化和旅游部出版的《中国五十年美术》，陈子庄是四川入编的三人之一。台湾编辑的《画坛巨匠》也为陈子庄列专辑。现在他的画不到一平尺，都要几十万元。

2021年10月绵竹民盟汉旺组来江奎艺术博物馆参观，我认识了陈子庄的老友袁文龙老师，他给我发了一篇他写的《陈子庄与燕子岩》的文章和陈子庄当年给他画的一幅梅花图，文中他记叙了很多陈子庄在汉旺绘画吟诗的故事，**特别写了一段陈子庄十分喜爱喝绵竹大曲酒的历史。**

江奎艺术博物馆藏陈子庄多次出版的山水画

袁老文中说："子庄先生酷爱喝酒，酒和艺术相伴了先生一生。有没有菜无所谓，只要有酒就行，在我们相处的日子里，先生每天必喝上两盅，绵竹大曲最受先生喜爱，一口大曲下肚，赞不绝口，他夸'绵竹大曲香味醇正可口，是难得的佳品'。"笔者告诉袁老说，我正准备写一本《历代名人与绵竹酒》，陈子庄这个中国现代的顶级大画家，并**对绵竹大曲情有独钟**，一定要将他与绵竹酒的故事写进书里。为了进一步写好陈子庄与绵竹酒的故事，我又找了去年刚故的陈子庄的学生，我的忘年交好友李本初。因为我知道他当年是清平磷矿的矿长，在陈子庄十分贫困潦倒的时期，是他把老师陈子庄请在绵竹住了近一年，陈子庄老师画了两三百幅都基

江奎艺术博物馆藏陈子庄1951年精品画

江奎艺术博物馆藏陈子庄山水画

本交给了他。但是，因为种种原因，李本初先生收藏的陈子庄画也很少了。我对本初先生说，我博物馆从国内外拍卖上买了十余幅陈子庄画，而且大多是老出版的画，特别是1951年陈子庄的花鸟大画更是他最想看的。于是，我约他到博物馆共赏，他看后十分高兴，不断说我："老师画得太好了！"于是我就提出了要写一篇陈子庄与绵竹酒的文章。他就给我讲了很多陈子庄与绵竹大曲酒和剑南春的故事。李本初说：老师14岁就嗜酒了，这跟他的爱好有关。他出生于1913年四川荣昌县一个贫寒的家庭。6岁时，在本乡陈氏祠堂中发蒙读书。父亲农忙时务农，农闲时到邻县永川瓷碗厂画瓷碗，也为荣昌县盛产的纸折扇画上几笔，扇商因此可以多卖钱。当年他帮着父亲画折扇、画瓷碗打下了一定的绘画基础。11岁时因家庭经济陷入困境，便到当地庆云寺庙去放牛，只吃饭，不要工钱。这庙是一座武僧庙，放牛之余的陈子庄也就跟着和尚习武，或许是天生聪颖好学，3年之后他竟也练得一身武功，尤其精于技击之术。14岁时已经在荣昌县以教授拳术为生了，**酒是行武之人精气神表现，所以老师14岁就非常嗜酒**

江奎艺术博物馆藏多次出版的陈子庄山水画

了。这时的陈子庄已长得形貌壮伟，而且有着一身不俗的武艺，在荣昌、永川一带颇负豪侠之名。也许是嗜酒的原因，在老师陈子庄的血液里天性蕴藏着的敢为而浪漫的因子，随着成长终被唤醒。他16岁时，只身来到成都，拜在当时成都武术界最具声望的武术名家马宝门下习武。在成都期间，陈子庄先后从学者陈步鸾、萧仲纶读书，又从南社社员蔡哲夫、谈月色夫妇学习书法篆刻。

江奎艺术博物馆藏80年代出版的陈子庄画

1932年秋，黄宾虹游历四川，借寓李天明"一庐"，老师陈子庄当时19岁，与李天明往来密切，得以观看黄宾虹作画。**李天明请黄宾虹喝酒，也大多喝绵竹大曲，因为绵竹大曲是当时的四川最好的酒**。此次观摩，为老师陈子庄中年以后从黄的山水画法中参解透辟、突破樊篱、悟出己之风格种下了前因。陈子庄在成都参加擂台比武，因闪电式的一个腿击，当场令二十九军军部武术教官重伤倒地，名扬一时，遂被王缵绪聘为军部教官。王缵绪成为四川省主席后，又聘陈子庄为私人秘书（实为私人保镖），并为他鉴收文物字画。1936年，齐白石应王缵绪之邀在其宅院"治园"居住了三个月，**王缵绪请齐白石喝酒一般也喝绵竹大曲**。因为师陈子庄师是王缵绪的私人秘书和保镖，并负责为王缵绪鉴收文物字画，所以，几乎每次他都在场，并负责**为齐白石和王缵绪敬酒，齐白石也曾夸绵竹大曲真是好酒**！当时陈子庄23岁，得到了向齐白石求教的机会，并有幸窥见八大山人、石涛、吴昌硕等诸大师之精蕴。可以说，子庄先生最初的花鸟画，正是揣摩齐白石而得其堂奥，再追溯吴昌硕，由此奠定了自己独行于世的美学格局。

1963年4月，**刘少奇和夫人王光美**应邀访问印尼、缅甸、柬埔寨、越南，这是中国国家元首首次出访东南亚。四川省政协将在蓉的**岑学恭、吴一峰、赵蕴玉、陈子庄**等老一辈画家召集起来，**希望他们创作一批国画精品，成为刘少奇带到东南亚的国礼。**

会议在望江楼公园举行后，老师陈子庄向组织提了一个要求，要申请一瓶绵竹大曲，他一口气喝干了三碗，创作一幅六尺《薛涛吟诗图》。李本初说：我知道老师爱喝绵竹大曲，他很穷，买不起，我去他处都要捎点绵竹大曲、剑南春给他，包括烤火的碳等。老师来绵竹也是每天都要喝几盅绵竹大曲或剑南春。他对绵竹大曲和剑南春确实情有独钟。学术界认为：酒与书画的联系自古就十分密切，大画家吴道子、书圣王羲之，均在饮酒后才天性流露，乘兴把笔，物我两望，从而发挥出超常水平来。后来唐代的二位大书法家张旭与怀素，因生性豪放，借以草书运用于笔端，纵笔恣肆，

酣畅淋漓，把草书发挥到极致，二人都因酒后的忘形，被后人称为"颠张醉素"。现代著名国画大师傅抱石在北京画的"江山如此多娇"巨幅大画，也是醉酒后的杰作。傅抱石之所以是几百年方才一见的大画家，其实是与他的爱酒是分不开的，每大醉后，以酒为动力，借酒抒情，把笔作画，随笔狂扫，迅疾若惊雷闪电，轻缓如涓涓小溪。画面如书狂草般痛快淋漓，其笔墨变化丰富，线条的连贯与墨色的枯润、浓淡一任自然，因此其作品狂放中又极具法度，纵逸中而不失严谨。

江奎艺术博物馆藏多次出版的陈子庄画

笔者认为：著名国画大师陈子庄在艺术上能够取得伟大成就，也与他对绵竹大曲和剑南春的情有独钟是分不开的。

四十七、著名书法家白允叔与绵竹酒

白允叔（1927-1996年），成都人，名德润，字孟潜，号应予，汉族，擅行书，著名书法家。早年毕业于华西大学。自幼受业于舅父温含丹，学书从唐楷入手，上溯汉魏下及明清，遍临诸家碑帖。取法"二王"、李邕、米芾诸家。中年以后，致力于书法理论研究和书法教育工作。生前为中国书法家协会会员、四川省书法家名誉理事、四川省文史研究馆员、成都市书法家协会常务理事、成都市书法研究会副会长、成都市书法艺术学校副校长、丙戌金石书画研究会会长、名誉会长。

1989年，笔者在绵竹宣传部工作，当时绵竹著名的唐宋佛教古寺"祥符寺"正在大力恢复中，因为我应邀写了当时绵竹建筑最高（当时没有楼房）、也是最高档次的现代建筑"商业场"金匾，时任绵竹县委书记舒志良请来了四川省领导前来剪彩。剪彩后，舒志良书记就陪同省领导去祥符寺参观，第二天舒书记把我叫到他的办公室说："小江，昨天商业场剪彩

江绪奎 32岁书

时，省领导问商业场是谁写的，写得很好！我汇报说：是我县宣传部一个年轻干部写的，省领导说，'**阿弥陀佛**'几个大字写得不好，我想安排你去重写"。我回答舒书记说："首先感谢书记的信任！我不是不听书记您的指示，文物古迹我建议还是以旧复旧为好。我知道祥符寺原来有'阿弥陀佛'几个大字，是清代著名书法家叶其祥所书，那字写得很好，现在还有照片，但字有损坏，有些笔画不全了，我可把它修复好"！书记认为我说得对，就安排我去完成。我把字恢复好后，又交给了清代著名书法

家叶其祥之孙、绵竹著名书法家叶健根先生（十多年前已故）提意见，健根老师说："你恢复的笔画完全复合原来字的风格。"我最后叫祥符寺安排最好手艺的泥工师傅与我一起，按照古代传统方法，把字放大到每字二米多大制作在了祥符寺围墙壁上。（可惜现在已毁）。

当时祥符寺还要在正门前修一个大的照壁墙，两边用书法雕刻一副古联：寺经炎宋题名在，僧有圭峰卓锡来。祥符寺主持龙仲师和政府负责祥符寺恢复工作的负责人李邦达当时请我来写。我说："这副对联是祥符寺的历史，又是眼睛，最好我帮着请一个知名度很高的大书法家来写更好。"于是我就推荐了著名书法家白允叔先生写此联。

我给宣传部刘成阳部长汇报后，刘部长认为我做得对，叫我在宣传部拿了两瓶剑南春，赶公共汽车去成都请白老师书写，到了白老师家已是中

午，说明来意后，白老师留我吃饭。他说："**我最爱喝绵竹大曲和剑南春，今天中午就喝你送来的剑南春吧！**"白老师边喝边夸绵竹大曲和剑南春都**是非常醇香、口感很好的美酒！**老先生酒量大，喝了四两左右，饭后我叫先生午休一下再写，先生说："**不用！在醉意中的书法更有味道！**"于是，先生按照墙壁需要对联的原大尺寸，叫他的秘书古秀莲将宣纸裁成每个大概六十厘米的斗方，先生用大抓笔饱蘸浓墨，笔走龙蛇般地一气呵成，写下了每字斗大的"**寺经炎宋题名在，僧有圭峰卓锡来**"的古联。我一边为先生拉纸，一边欣赏先生精湛的书法艺术。凡是搞书法的都知道，写斗大的字，每字一次性写好需要极高的书法技艺，非书法大家不能为之！因此，我对白先生的书法崇拜得五体书投地，请求拜白先生为师，并请先生来绵竹玩玩！允叔先生到绵竹后，祥符寺方丈和政府主管李帮达知道后，为了感谢先生为寺庙书对，知道了**白先生特别喜欢喝绵竹大曲和剑南春，为了感谢白先生，听说寺庙还请白老师喝了一次绵竹美酒。因为寺庙是特殊环境，没有请我参加，也不知道白先生与谁一起醉饮绵竹美酒。**

江绪奎35岁应邀为祥符寺书"药师佛殿"

就在那个星期日，我为了拜白先生为师，专门请先生在我家喝了一次剑南春。先生习惯于饭后乘着醉意书法，酒后先生就立即为我书写了苏东坡《江城子·密州出猎》"老夫聊发少年狂，左牵黄，右擎苍，锦帽貂裘，千骑卷平冈。为报倾城随太守，亲射虎，看孙郎。酒酣胸胆尚开张。鬓微霜，又何妨！持节云中，何日遣冯唐？会挽雕弓如满月，西北望，射天狼"四条行书屏佳作，先生醉意中的书法，把苏东坡诗词的豪放、潇洒的人生淋漓尽致地体现于笔势雄健洒脱、遒劲腾跃的书法之中。先生酒与人、酒与书的狂欢，诗酒书的艺术融合，给人有醉里得真如的震撼，永远聚焦在我的内心世界，深深地刻留在我的记忆里。

江奎艺术博物馆藏春秋时期青铜匜（饮酒礼器）

四十八、万里诗赞剑南春

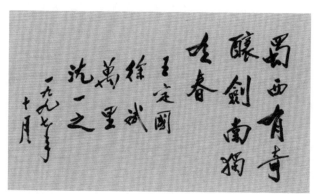

万里（1916.12-2015.7.15），男，汉族，出生于山东省东平县，杰出的无产阶级革命家、政治家，党和国家的卓越领导人，中国共产党第十一届、十二届中央书记处书记，第十二届、十三届中央政治局委员，国务院原副总理，第七届全国人大常委会委员长。

1997年10月，万里、王定国、徐斌、沈一之等领导和名人来到中国名酒剑南春参观，题诗赞曰："**蜀西有奇酿，剑南独有春。**"

四十九、作家姚雪垠诗赞剑南春

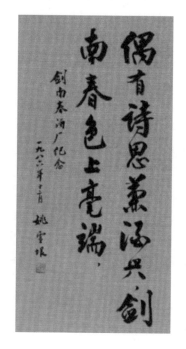

姚雪垠（1910.10.10-1999.4.29），中国现代小说家。曾任中国作家协会名誉副主席、湖北省作家协会主席。全国第六届、七届政协委员。

1986年12月，著名作家姚雪垠来到中国名酒剑南春参观，题诗赞剑南春：

偶有诗思兼酒兴，

剑南春色上笔端。

五十、著名书法家魏传统诗赞剑南春

魏传统（1908-1996年），解放军少将，著名书法家、诗人。四川省达州市通川区人。曾任中国人民解放军总政治部秘书长兼宣传部副部长，中国人民解放军政治学院政治部副主任，解放军艺术学院院长，中朝友好协会副会长，中国书法家协会理事，总政治部宣传顾问，中国楹联学会会长，中国圆明园学会首任会长。是中国人民政治协商会议第五届全国委员会委员，第六届全国政协委员。一九八四年七月魏传统，题赞剑南春诗一首：

　　酒坛吐艳艳新花，跃居全国八大家。

　　剑南春色赏不尽，绵竹清露泛物华。

五十一、袁木诗赞剑南春

袁木（1927.12-2018.12.13），男，生于江苏省兴化县。中华人民共和国国务院研究室原主任兼国务院发言人，复旦大学本科学历。作有《袁木文集》10卷、《历史的足迹—中国在改革开放中前进》（一、二、三集）、《袁木答问》（一、二集）、《改革开放精神文明建设》、《历史飞跃的新起点》、《中国经济体制改革的纲领》、《中国之路》等，其中包括1981年至2004年期间所写的关于中央和国务院重大决策评价、热点问题答问、调查研究报告、专门问题论著等，约 300 万字。1994 年冬，袁木参观中国名酒剑南春，题诗赞曰：剑南春意浓，酒香飘万里。

五十二、程思远诗赞剑南春

程思远（1908—2005 年），广西宾阳人，政治活动家。政治学博士。青年时代投笔从戎。他捭阖纵横于蒋介石、李宗仁之间，参与筹划了反蒋、助李宗仁竞选"副总统"、逼蒋下野、与共产党和谈等重大历史事件。李宗仁先后五次派程思远到北京，晋谒周恩来总理，与李宗仁一起从海外归来。著有《蒋李关系与中国》《李宗仁先生晚年》《政坛回忆》《政海秘辛》《白崇禧传》《我的回忆》。

1996 年 11 月，程思远参观中国名酒剑南春题诗赞曰："剑南之烧春，天府之佳酿"。

五十三、杨超诗赞剑南春

杨超（1911.12—2007.05），男，四川达县人，原名李文彦。原中共四川省委书记，原中共四川省顾问委员会常委，原中国人民政治协商会议四川省第四届、第五届委员会主席、原周恩来同志政治秘书，第五届、第六届、第七届全国人民代表大会代表。1985 年，四川省诗书画院成立，杨超任院长。1988 年春节杨超参观中国名酒剑南春，题诗赞曰：酒香浑欲醉，剑南春意浓。

五十四、刘心武诗赞剑南春

刘心武，当代著名作家、红学家。1942 年出生于四川省成都市，《人民文学》杂志主编。1987 年赴美国访问并在 13 所大学讲学。1977 年发表短篇小说《班主任》，被认为是"伤痕文学"发轫作，引出轰动，走上文坛。长篇小说集有《钟鼓楼》获全国第二届"茅盾文学"奖。

1986 年，刘心武等作家诗赞剑南春：人间有酒香满杯，难得剑南春滋味。艰辛独留自己尝，幸福赠给天下醉。

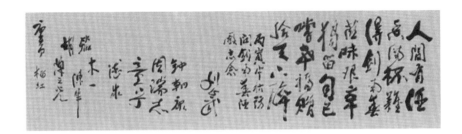

五十五、著名导演吴子牛联赞绵竹酒

吴子牛，1952 年 10 月 31 日出生四川乐山，中国影视导演，湖南省潇湘电影集团一级导演，湖南省影协副主席。吴子牛执导了许多大型历史剧，如《英雄郑成功》《天下粮仓》《贞观长歌》。2004 年底，在澳大利亚墨尔本的联邦广场举办了以"战争与和平"为主题的个人影展，这是第一次有中国导演在澳大利亚举办个人影展。

吴子牛联赞绵竹酒：一斗绵竹酒，百篇青莲诗。

五十六、著名演员、导演唐国强诗赞剑南春

唐国强, 1952 年 5 月 4 日出生于山东省青岛市,著名影视男演员、导演。现为中国国家话剧院一级演员,中国书法家协会会员,毛泽东特型演员。

1990 年唐国强参观中国名酒剑南春题诗赞曰:

昔日只知茅台酒,
今日初识剑南春。

五十七、著名作家马识途诗赞剑南春

马识途, 男,原名马千木,1915 年生于四川忠县。作家、诗人、书法家。四川省人大常委会副主任,四川省文联主席,四川作协主席,中国作协理事、中国书法协会会员。

1986 年秋 9 月,马识途与心武同志(作家刘心武)同莅剑南春酒厂,酒酣耳热作五律赞剑南春:

剑南秋色好,清气满苍穹。宾客来绵竹,墨缘结玉钟。乾坤方壶里,日月醉乡中。击箸倾杯笑,诗成酡颜红。

五十八、著名作家冯骥才诗赞剑南春

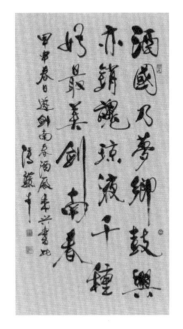

冯骥才，浙江宁波人，祖籍浙江慈溪，1942 年生于天津。当代著名作家，文学家，艺术家，民间艺术抢救工作者，著名民间文艺家。现任中国文学艺术界联合会执行副主席，中国文联副主席，中国小说学会会长，中国民间文艺家协会主席，天津大学冯骥才文学艺术研究院院长，《文学自由谈》杂志和《艺术家》杂志主编，并任中国民主促进会中央副主席，全国政协常委等职。

2004 年春日，冯骥才参观中国名酒剑南春乘兴诗赞："酒国乃梦乡，鼓兴亦销魂。琼液千种好，最美剑南春。"

五十九、著名书法家周浩然诗赞剑南春

周浩然（1929-2009 年），四川江津人，生前是四川省文史研究馆馆员、四川省书法家协会副主席、四川省书学会副会长、四川省老年书法研究会副会长、四川省教育学会书法教育专业委员会理事长、成都翰林中国书画艺术学院副院长、书法教授。

1987 年周浩然参观剑南春酒厂题诗赞剑南春：
三百年来震九州，醇香佳酿最风流。
剑南春色应常在，韵士高人仰玉楼。

六十、著名书法家童韵樵诗赞剑南春

童韵樵（1918-1988 年），四川成都人，又名童发文。四川省书法家协会会员。新中国前曾被云南省总部司令何揆章聘为司令部参议、云南省政府社会处书法顾问、少将高参、《新艺报》社长兼总编辑。新中国后，任中国人民解放军乐山军分区作战科参谋。离休后，1981年获四川省优秀书法作品奖。**童韵樵诗云：**

西蜀有仙山，武都最得名。

贤者隐其间，仙人潜其形。

既有张三丰，又有严君平。

淙淙玉泉水，酿出瓮头新。

若人问此酒，名曰剑南春。

六十一、著名书法篆刻家李刚田联赞剑南春

李刚田，1946 年 3 月生，河南洛阳人。号仓叟，室名宽斋、石鱼斋。中国当代著名书法家、篆刻家、书法篆刻理论家。现任西泠印社副社长、中国书法家协会理事、中国书协篆刻艺术委员会副主任、中国国家画院院委、中国艺术研究院篆刻院研究员、曾任《中国书法》杂志主编。

1987 年著名书法家李刚田联赞剑南春：

剑南春色来天地，

巴蜀琼浆醉古今。

六十二、著名书法家李半犁联赞剑南春

李半黎，男，（1913.11-2004.3），原名李周祜，河北高阳县人，原四川省顾问委员会委员，原四川日报社党委书记，原四川省书法家协会主席，原全国书协理事。1960 年后历任《四川日报》副总编辑、总编辑、社长等职。四川新闻工作者协会主席，中华书院特聘名誉理事，中国老年书画研究会顾问，四川省诗书画院副院长，四川省文联常委，兰亭书会名誉会员。

1987 年著名书法家李半黎联赞剑南春：唐时宫廷酒，今日剑南春。

六十三、著名书法家启功诗赞剑南春

启功（1912—2005 年），自称"姓启名功"，字元白，也作元伯，雍正皇帝的第九代孙。 中国当代著名书画家、教育家、古典文献学家、鉴定家、红学家、诗人，国学大师。曾任北京师范大学教授，全国政协常委、国家文物鉴定委员会主任、中央文史研究馆馆长、博士生导师、九三学社顾问、中国书法家协会主席，世界华人书画家联合会创会主席，中国佛教协会、故宫博物院、国家博物馆顾问，西泠印社社长。

1988 年的一天下午六点来钟，启先生家正准备吃晚饭的时候，绵竹剑南春酒厂的蓝先生，突然造访，想请启先生为剑南春酒厂题诗，并说第二天一早他就要离京。**启先生听说剑南春就想到了这是唐代宫廷贡酒，现在也是誉满全球的中国几大名酒之一**，启先生："说你晚饭后来取吧！"晚饭后，一幅精美的作品已经写好，显然这也是一幅即兴的作品。

诗曰：

美酒中山逐旧尘，何如今酿剑南春。

海棠十万红生颊，都是西川醉后人。

这真是一首"绝妙好辞"，把饮剑南春酒后红光焕发的人比成盛开的海棠，而海棠又恰恰是四川的名花，正应了剑南春是中国名酒的身份，既贴切，又生动，若不是妙手偶得，就是天赐佳句。启先生自己也非常得意，因此把这首诗收入了他的诗集之中。

此诗是已故著名大学者、大书法家启功先生对绵竹中国名酒剑南春的极高赞誉。

第四章：中国七大造酒说

一、上天造酒说

自古以来，中国人的祖先就有**酒是天上"酒星"**所造的说法。

"酒旗星"最早记载于《周礼》一书中，距今已有三千年的历史。古人普遍认为，酒星下凡赐给民间美酒，或者使用魔力将粮食和果实变成酒。

我们的先祖在天空中观察到**一字排开的酒旗是上天造酒说的历史继承。三颗微弱的小星，就把它当作是主管天上人间美酒的星空令旗**，所以古代的酒肆都要插酒旗，酿酒坊开业酿酒时，都要举行的庄严仪式。

现代的酒店也有**插酒旗**的，就是"上天造酒说"的历史信仰。**江奎艺术博物馆藏绵竹清代初期"大曲醇香"酒招就是绵竹"上天造酒说"的重要酒文物**。根据史料记载，陕西略阳县填绵竹的酿酒人，不仅把他们的酿酒技术与绵竹酿酒技艺相结合，酿出了名扬天下的绵竹大曲，而且带来了陕西略阳县的酿酒文化（**陕西略阳县酿酒人家都要在酒坊门口挂一个木瓶酒招，相当于酒旗，是"上天造酒说"的文化现象**）。

《**西游记**》王母娘娘开蟠桃大会，天宫忙着筹备美酒、水果。孙悟空没有收到王母的邀请，就偷天宫御酒喝。可见，**神仙与酒有着很大的联系**。

二、猿猴造酒说

猿猴不仅嗜酒，而且还会〞造酒〞。清代李调元在著作中记叙道：〞琼州（今海南岛）多猿……。尝于石岩深处得猿酒，盖猿以稻米杂百花所造。〞这也是捕捉猿猴的方法。摆几缸美酒，猿猴闻香而至，直到酩酊大醉，乖乖地被人捉住。

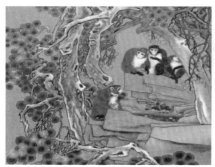

三、仪狄造酒说

史籍记载："仪狄作酒拨，杜康作秫酒。""拨"是糯米发酵（黄酒）。"秫"：高粱的别称。即：仪狄是黄酒的创始人，杜康是高粱酒的创始人。

仪狄造酒的传说：

大禹治水劳累得吃不下饭也睡不着觉，禹的女儿便请禹的膳食官仪狄想办法。仪狄便到深山里打猎为大禹做美食。**意外发现了一只猴子正在吃**一潭落地桃子发酵的汁液，猴子喝后脸上露出满足的样子，仪狄也去品尝，

感到全身热乎乎的，整个人筋骨都活络了起来，仪狄受到了启发，发现了造酒的方法。大禹王封仪狄为「造酒官」，且将帝女嫁给了仪狄。

四、杜康造酒说

传说杜康是黄帝的膳食官，**在管理粮食储藏期间由于雨水流入而偶然发现了酒。**

另说，杜康"**有饭不尽，委之空桑，郁绪成味，久蓄气芳**"。意思是说，杜康将未吃完的剩饭，放置在桑园的树洞里，剩饭在树洞中发酵，有芳香的气味传出。这就是酒的做法，杜康就是酿祖。魏武帝乐府诗曰："**何以解忧，唯有杜康**。"自此之后，认为酒就是杜康所创的说法似乎更多了。

（一）、"酒"字为什么这样写？为什么读 jiu？

传说，杜康想研制一种饮料，一个神仙对他说："你把粮食泡在水里第九天的酉时找三个人，每人取一滴血加在其中，即成。"杜康按照神仙的指点在第九天的酉时（5点～7点）看见路边首先看见一个文质彬彬的人，要了一滴血滴在桶里；稍后又来了威武的将

军，又要了一滴血，酉时快过了，杜康找不到第三人，只有将路边有个疯子按住扎了一滴血在桶里，于是饮料便成。这饮品里有三个人的血，又是酉时滴的，就写作"酒"。因为是第九天造成的，就取同音，念酒（九）吧。

（二）、"醋"为什么这样写？读 cu？

相传，醋的发明者也是杜康，据传杜康最初把酿酒后的酒糟当作废料

弃掉，久了，便感可惜。于是就把酒糟积攒在大缸里，试着渗上水封存起来。过了 21 天缸内糟汁又甜又酸，杜康想到是在 21 天的酉时发现的这种物质，便把"酉"和"廿一日"合并起来，定名为："醋"。为什么读 cu？因为"醋"是酒糟制成的，所以读 cu。也有说是杜康儿子黑塔发明的。

五、尧帝造酒说

尧　　　舜

尧是中国上古时期"五帝"之一。**相传尧帝有四大成就：**

第一：开创禅让制。尧不传子禅位舜。

第二：定历法。根据日月星辰的

277

运行情况制定历法。

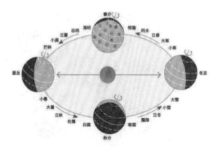

第三：发明造酒

尧精选出最好的粮食，并用滴水潭水浸泡酿酒，以敬上苍。

第四：创造围棋

尧想要儿子心静归善，用箭头在一块平坡上用力刻画了纵横十几道方格子，捡来一大堆山石子，与儿子各一半，教儿子用石子布战，这就是围棋的由来。

第五：纳贤听谏

帝尧求贤问道，察访政治得失，选用贤才。让人在交通要道设立"诽谤之木"。（相当于意见箱）

六、炎帝造酒说

炎帝首创耒耜,始作农耕。有了农具,农业生产逐渐发达了,生产力提高,粮食产量增加。有了富余粮食,为酒的酿造提供了条件。

七、学术界一致认为:酒是天然发酵到人工发酵酿制而成,是集体发明,不是圣贤发明

考古发现证明:在炎黄时期之前的新石器时代早期,中国已经具备了酿酒的农业和陶制造业两个先决条件。

河南新郑县裴李岗出土的陶水酒器(约公元前7 000年 -- 前5 000年)

河南新郑县裴李岗出土的石磨盘(约公元前7 000年 -- 前5 000年)

浙江省余姚市河姆渡出土的陶水酒器 河北省武安县磁山出土的陶水酒器

（距今约7000年前）

（公元前6400年-6100）

绵竹相邻的三星堆出土的陶酒器至今3000---5000年历史

第五章：中国酒文化典故

一、古代卖酒和卖油都要放一杆秤为什么?

因为古代卖酒和卖油是用提子往瓶子里装，一些不诚信的商人就采取卖酒时倒得快，卖油时倒得慢来拯秤。在 80 年代前卖酒和卖油放一杆秤，

一是**如果认为卖家短斤缺两了，可以称一称**。二是**称公平、称良心**。相传**秤**是**范蠡**根据吊杆吊水的杠杆原理发明的。**秤杆上"16个星点"**代表：**南斗六星（主死）、北斗七星（主生）和福、禄、寿三星**。目的是告诫经商者若**欺人一两**，则会**失福气**；**欺人二两**，则**后人永远做不了官（禄）**；**欺人三两**，则**会折损'阳寿'（短命）！"**

二、"吃醋"一词的来历

唐太宗的宰相房玄龄十分惧内。一日，唐太宗乘着酒兴，赐给了房玄龄两个美人。房玄龄领回家后，老婆将两个美人赶出了府。唐太宗便立即召宰相房玄龄和夫人问罪。

唐太宗指着两位美女和一坛"毒酒"说："我也不追究你违旨之罪，这里有两条路任你选择，一条是领回二位美女，另一条是饮'毒酒'。"房夫人选择了"毒酒"喝，原来那坛并非毒酒，而是食醋。

唐太宗叹了口气道："房夫人，莫怨朕用这法子逼你，你妒心也太大了。从此，"吃醋"这个词便成了女人间妒忌的代名词。

三、"五福酒业"有深刻的文化渊源

绵竹五福酒业，不仅酒好，而且其名字特别有文化渊源。

（一）、"五"字的文化内涵：甲骨文的五字，上下两横代表天地，中间是易经爻，表示天地变化，产生万物，产生五谷，有五谷才能酿成最好的美酒。说明此酒是天地五谷酿成。

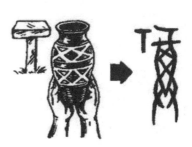

（二）、甲骨文的"福"："示"+"畐"。

1、"示"：表示放有祭品的**神坛**。

2、"畐"：**双手捧着一个大酒坛样子。**

3、"福"的整体意思：**双手捧着一个大酒坛，在祭台（示）前求神赐福样子。**

4、"五福酒"意在用天生五谷，**酿天下美酒，意美酒为天下人祈福之大意也。**

5、用酒敬神为什么是福呢？

"酒"象征生活的丰富，以酒祭祀祖先神灵，有祈福和报神的双重意义。

"酒"音谐"久"，"五福酒"的文化内涵：（1）、"长寿久"（福寿绵长）；（2）"富贵久"（富足尊贵）；（3）"康宁久"（健康安宁）；（4）、"厚德久"（仁善宽厚）；（5）、"善终久"（无疾而终）。

6、福为什么不能倒贴？福不能倒贴，就是把盛满美酒的酒罐倒空，用空酒罐去敬神，所以，"福"字倒贴就是把上帝、神明赐予你的福，倒出去了。**只有在垃圾桶上"福"可以倒贴，倒掉的是**髒物和灾。还可以在水桶上倒贴，水是财，桶上倒贴，倒水就变正了。

（三）、酒字的文化内涵

汉代许慎《**说文解字**》说："酒，就也，所以就人性之善恶也。一曰造吉凶所造也。""就"是"成就"之意。就是说不管是"**造酒**"，还是"**饮酒**"，古人说都是导致吉凶善恶的原因。就是说"**酒**"是情感情绪的调节物，所以，许慎还说：**造吉凶所造也。**就是说，造酒业是造吉凶善恶之业。

"酒"字右边"酉"是"酒坛"左边三点"水"，说明了"水"是酿酒的主要材料，水是酒的血液。

（四）、丵字的文化内涵

1、丵：业 + 羊 + 八 。

2、"业"：草丛之意。代表繁荣；

3、"羊"：表示真、善、美；

4、"八"：表示树根。只有"真、善、美"，才能根深叶茂；所以，古人造"丵"字，告诉

中美杰出华人书画艺术家江绪奎作品
Chinese American outstanding Chinese painting and calligraphy artist Jiang Xukui works

人们一个深刻的道理，即：创业必须要有"真、善、美"品德，否则办事就不会成功。一些企业短命，就是缺乏"真、善、美"的精神和品德。

江绪奎为绵竹五福酒业书"五福临门"
被美国邮政作为收藏邮票全球发行。

四、中国酒驾撞死人的第一辆汽车是——慈禧御车

慈禧太后一生穷奢极欲，虽然她坚持清朝闭国锁门的大方针，但她个人对国外的稀罕玩意很感兴趣，什么西洋的留声机、照相机、钟表、电灯、汽车、火车，只要国内没有的，她都想尝个鲜。

慈禧太后66岁大寿时，袁世凯为了讨慈禧欢心，花了1万两白银，购置了这辆美国人制造的轿车献给了慈禧太后。慈禧太后听说这辆洋车不用马拉就能跑，感到很奇怪，立即口谕当场进行表演。

当外国司机发动汽车，转了一圈后，慈禧惊喜万分地问：**"这车跑得这么快，要吃很多草吧？"**

外国司机说："它不吃草，烧的是油。"虽然慈禧当时没明白烧油是怎么回事，但她高兴地赏赐了袁世凯和外国司机。并又给李莲英下口谕，让他快速寻找会开汽车的国人，孙福龄就是最快学会开汽车的国人，孙福龄成为慈禧的御用司机后，经常开车拉着慈禧太后在颐和园游玩。

一日，孙福龄开车拉着慈禧兜风，慈禧很高兴，当众赏赐孙福龄一碗御酒。孙富龄顿时受宠若惊，将一大碗酒一口下肚，瞬间精神亢奋，使劲踩下油门，汽车飞速地跑起来。孙福龄一碗酒下去神志有些模糊，找不到刹车了，一个小太监，来不及躲闪当场被撞死了。

中国历史上第一起饮酒驾车肇事案就这样发生了。朝中大臣纷纷给慈禧进言：一个开车的奴才竟然和"老佛爷"平起平坐，实在有失大清体统。

慈禧太后就命李莲英把汽车的前座拆掉，让孙福龄跪着开车。孙福龄更加难以手脚并用地控制油门、刹车和方向盘了，再加上上次撞死小太监的教训，更加让他心有余悸，不敢驾驶汽车了。

孙福龄脑子一转，找了点棉花故意堵死油管，开车时谎称说汽车坏了，发动不了。而当时，在清朝会开汽车的人本就凤毛麟角，会修汽车的人更是没有，于是，这辆汽车也就放置在那里没有再用过了。

孙福龄思来想去，怕哪天万一有大臣再奏他一本，脑袋不是要搬家了？于是携带家眷，跑到南方，隐姓埋名藏了起来。由于惊吓了慈禧太后，负责戒严路面的人和小太监的头头等人都受到了严厉惩罚。

五、"破碗居"与酒

北京宣武门外菜市口，当年这里是卖菜的市场，但更出名的是杀人场。囚车过"破碗居"，犯人可要求停车吃酒。"破碗居"，专给犯人预备的一种将黄酒、白酒掺在一起的混合酒。喝了上头，一碗下去，脚步踉跄，死囚喝完后，随即，现场将空碗摔得粉碎，直奔刑场。一般犯人只能喝一碗，当官者犯了死罪可以喝三碗，因为过去有一定功劳，其家人可以做一七、二七、三七。"破碗居"旁边有一个鹤年堂药店，制作有一种 "鹤顶血"

麻醉药。行刑前，犯人家属给狱卒使钱买"鹤顶血"交犯人服下。**"戊戌六君子"行刑前，当时的掌柜对六君子十分敬重，从坛中取出"鹤顶血"分发六君子，无一人接受**。杨锐头颅落地还两目圆睁，"血吼丈余"。刘光第无首之躯竟不倒，惊吓者皆焚香求祥。

六、"四菜一汤"与"廉政酒"

明朝皇帝**朱元璋**整治官员奢侈之风，采用四菜一汤制度。

第一道菜。炒萝卜；罗布（萝卜）是历史上的大孝子，锣与卜都是打击乐器，意为**敲响心灵的警钟**。

第二道菜：炒韭菜。意为：**长治久安**。

第三道菜：炒芹菜。意为：**做官要勤勤恳恳**。

第四道菜：一碗青菜。意为：**清廉**。

一汤：葱花豆腐汤。意为：**要一清二白做人**。

酒：加一半水，朱元璋说，禁止喝醉。

从此，**"四菜一汤"**的规矩便从宫廷传到民间，进而成了现代廉政的榜样。

1984年国宴的标准：总书记、国家主席、委员长、总理、军委主席、政协主席举办的宴会，**每客50元至60元，宴请重要外宾80元以内。一般宴会每位30元至40元。**

中餐四菜一汤，西餐一般两菜一汤。**烈性酒，如茅台、五粮液等都不能上，只能上啤酒、葡萄酒或其他饮料。**

七、王羲之"书法放粮与酒"

传说，晋代大书法家王羲之做右军将军时，琅琊郡一带连年大旱，穷人树皮都吃光了。王羲之巧用书法救灾民。他写了道请求放粮的奏章，皇

帝一边醉酒一边欣赏王羲之"放粮"书法奏章，称赞："放粮——好！"王羲之立即高声应道："**谢主隆恩！臣今日就去放粮。**"待皇上明白过来，已是覆水难收了。只好将错就错，封王羲之为放粮的钦差。王羲之当天就开仓放粮，解除了琅琊百姓的饥荒之年。

八、李自成与饺子酒

当年李自成算命，说他有四十二年皇帝命。为什么只当了42天皇帝呢？相传，李自成打进北京称帝后，入驻北京城的李自成，御厨第一天就问皇

帝最想吃什么？李自成感叹今天像过年一样，就想吃饺子。于是，御厨也为他煮了一碗饺子。第二天，御厨又过来问想吃什么，李自成感到宫里

的饺子特别好吃，又回答说想吃饺子。第三天、第四天、第五天，李自成都是说想吃饺子。后来，有部下也告诉他，饺子是两年交替的时候才能吃的，不能天天吃。可是，李自成却回答道："我高兴啊，辛辛苦苦征战多年，好不容易能进京。之后，每天都应该如过年一样，每天都要吃上饺子。"就这样，**李自成天天吃饺子，一共吃了42天的饺子。**

到了第43天，也即是1643年，李自成在龙椅上还没坐热，在吴三桂军队与清军的联合夹攻之下，逃离北京城，一路溃败。这样，曾经"拥兵百万"李自成的大顺军队，在一年多就迅速覆灭。

为什么李自成进京这么爱吃饺子呢？可能以前老百姓生活穷苦，每两年春节的时候才能吃上饺子。所以，李自成进京之后，如同一个暴发户一样，看见好东西都要去享受。我们现在看来普通的饺子，在明末说不定也算是山珍海味。

当李自成连续吃了42的饺子，就相当于一天就过上了一年春节的生活，忘记了民间百姓的疾苦，统治也失去了群众基础。然后享受四十二天春节一样的生活，**连续吃了42天饺子，就相当于已经当完了42年皇帝。**过了42皇帝的瘾，自己政权也就灭亡了！

九、为什么酒店门口一般要挂红灯笼?

每逢过年和重大节日酒店都要挂红灯笼,天安门和宫廷内上也要挂大红灯笼,这是官俗学习民俗。红灯笼圆圆的、红红火火的,民间表示吉利祥和。风刮不灭故叫"气死风灯"。**宫廷官员利用谐音改成乞赐封灯,祈求皇帝赏赐。**

十、为什么喝喜酒都要贴"双喜"?

1、先看单"喜"的文化内涵:

"喜":吉 + 廿 + 口 。"吉":吉祥、美好之意 。"廿"(nian):表示"二十"。意为:二十个人给你说好话,敬你吉言,心里一定就喜欢。

2、"囍"的文化内涵:

"双喜"是北宋大改革家、大文学家、

王安石发明的字。结婚用了近千年，有生动、深刻的故事和鲜为人知的文化内涵。

据传宋代大政治家、文学家王安石年轻时去赶考，途中见马员外以对联招女婿，联文曰"走马灯，灯走马，灯息马停步"。王安石因为赶考没有时间，感叹自己无缘。古代考试要考对联，主考官指着厅前的飞虎旗曰"飞虎旗，旗飞虎，旗卷虎藏身"叫王安石对上联，王安石一听大喜，便以马员外以对联招女婿"走马灯，灯走马，灯息马停步"相对。

王安石考毕回到马家镇，看见招亲对联还无人能对，王安石一挥而就。马员外喜不自禁，立即把女儿许配给他。**正洞房花烛时，朝廷又送来了王安石高重进士的金榜。**王安石自觉喜上加喜，醉意三分，挥笔将两个喜字写在一起贴在门口。并吟道："巧对联成双喜，马灯飞虎结丝罗。"

其实千年贴双喜有更深刻的文化内涵：

　　结婚后马上就会成为人之父母，贴"双喜"意在启迪教育新婚夫妻要向王安石学习，要教育孩子奋发读书，立志成才，"书中自有颜如玉，书中自有黄金屋"之意。

江奎艺术博物馆藏清代双喜酒器

第六章：绵竹晚清、民国时期酒业历史资料

一、民国38年财政部川西分区绵竹税务分所造呈绵竹县制酒商登记

乡镇号	商号名称	经理人姓名	详细地址	制酒窖数	开业年月	营业资本总额
城区	益乐春	尹凤歧	西关厢	7	民国25年	300元
	新丰源	彭允三	西关厢	7	民国20年	400元
	泰和永	李炸坦		7	民国14年	600元
	兴茂源	龙兴和	茶盘街	7	民国20年	500元
	天顺荣	黄顺凡	茶盘街	7	民国25年	200元
	协 记	蒋林三	茶盘街	7	民国24年	200元
	德润春	米昆山	茶盘街	7	民国23年	400元
	永茂正	易伯高			民国17年	200元
	聚义长	廖玉周	茶盘街	7	民国25年	300元
	永乐春	任述贤	茶盘街	7	民国20年	200元
	永禄清	易文安	茶盘街	7	民国23年	300元
	衡裕厚	刘锡五		7	民国18年	200元
	复兴昌	张培生	茶盘街	7	民国24年	200元
	醉仙春	赵伯清	茶盘街	7	民国25年	200元
	正 记	朱子高	茶盘街	7	民国19年	200元
	长兴和	钟尊一	西哨楼	7	民国18年	200元
	道西春	杨伯荪	西哨楼	7	民国25年	200元
	协昌公	李碧如	朱家巷	14	民国24年	300元

	侯阳春	侯佳亭	茶盘街	7	民国24年	400元
	协义成	朱驹棠	茶盘街	7	民国24年	300元
	义兴泰	孔洪兴	景星街	7	民国11年	500元
	福盛荣	唐润生	景星街	7	民国23年	600元
	积义生	孙厚安	明阳街	7	民国14年	400元
	长顺通	罗述卿		14	民国23年	400元
	锦江春	杨乐如	明阳街	14	民国22年	650元
	贵和源	谢润	明阳街	7	民国23年	300元
	裕亨源	谢文陔	明阳街	14	民国24年	600元
	刘云兴	刘荣宣	明阳街	7	民国25年	400元
	李兴盛	李友三	明阳街	7	民国12年	400元
	复盛源	李启东	明阳街	7	民国24年	300元
	福 记	郑纯安	明阳街	7	民国14年	150元
	万泰祥	朱子高	明阳街	7	民国14年	500元
	协茂源	刘伯泉	明阳街	7	民国8年	800元
	道兴源	彭伯襄	西关厢	7	民国25年	400元
	同益成	胡小泉	西关厢	7	民国21年	400元
	永利生	孙楷臣	西关厢	7	民国24年	400元
城区	协合泰	刘凤书	大南街	4	民国8年	1400元
	复川通	易文安	大南街	5	民国15年	1600元
	紫岩春	锡嘏	大南街	4	民国17年	1200元
	德馨恒	唐晶三	景星街	3	光绪23年	800元
	恒丰泰	刘佐臣	景星街	5	民国7年	1400元
	美乐春	庞升安	明阳街	4	民国22年	1200元
	朱天益	朱谷成	明阳街	3	民国23年	900元

	杨恒顺	杨伯苏	棋盘街	3	民国11年	1400元
	裕昌厚	江泽民	棋盘街	4	民国12年	1200元
	天成祥	郑世忠	棋盘街	3	民国2年	1200元
	史万福	史万明	小南街	3	民国元年	800元
	豫丰恒	倩级三	棋盘街	4	民国15年	1000元
	永顺源	史万年	棋盘街	4	民国17年	800元
	永川源	朱福之	棋盘街	6	民国23年	1400元
	大吉祥	李友三	明阳街	5	光绪30年	1800元
	詹鸿兴	詹伯琛	明阳街	4	民国3年	1000元
	裕川通	王诗舫	西关厢	5	民国元年	1000元
	太平春	张继宾	西关厢	4	民国20年	1600元
	大道生	彭灼如	西关厢	4	民国2年	1300元
	复兴祥	孙楷臣	西关厢	4	民国23年	2000元
	裕昌兴	田东汉	西关厢	4	民国21年	1000元
	裕达	杨佑伯	西关厢	4	民国20年	1000元
	乾元泰	蒋子杨	西关厢	4	民国元年	1000元
	长乐春	钟铂铭	茶盘街	3	民国11年	600元
	宜春	陈富均	西关厢	3	民国19年	800元
	庆昌恒	邓雨廷	苏兴街	7	民国24年	300元
	杜信和	刘厚锐	苏兴街		民国24年	600元
	紫东春	成光荣	苏兴街		民国24年	200元
	复兴通	李定治	李寿店	7	民国22年	300元
	忠和生	杜履安	紫来桥	7	民国7年	400元
	忠和祥	杜海东	紫来桥	7	民国19年	200元
	鑫记	黄吉三	大南街	7	民国24年	300元

	永昌源	侯育廷	南华宫巷	7	民国23年	400元
	同顺和	贺同顺	庆云街	7	民国10年	200元
	富春荣	刘吉安	庆云街	7	民国25年	400元
	德心永	罗茂君	庆云街	7	民国24年	500元
	长春永	刘茂生	庆云街	7	民国24年	200元
	致中和	刘东平	庆云街	7	民国23年	200元
	同兴源	谢介眉	庆云街	7	民国25年	400元
城区	福茂源	周海如	庆云街	7	民国22年	300元
	义顺和	韩义顺	南哨楼	7	民国24年	300元
	兴发源	张兴发	米坊街	7	民国21年	300元
	协茂春	廖有徐	米坊街	7	民国25年	300元
	德昌源	陈玉山	小南街	7	民国24年	200元
	永兴昌	安汉卿	小南街	7	民国25年	400元
	恒茂春	何锡嘏	小南街	7	民国10年	500元
	恒春长	史受柏	小南街	7	民国22年	200元
	醉富春	何泮芹	小南街	14	民国21年	400元
	天益生	朱子均	棋盘街	7	民国22年	400元
	福兴荣	甄子舟	棋盘街	21	民国20年	1000元
	贵兴源	唐世贵	棋盘街	7	民国10年	200元
	德兴源	江南村	棋盘街	7	民国25年	200元
	义森春	何介臣	棋盘街	7	民国25年	600元
	协记	张农生	棋盘街	7	民国9年	400元
	协记	向载	棋盘街	7	民国25年	400元
	春茂源	叶载安	棋盘街	14	民国20年	200元
	曲江春	章仲锡	棋盘街	7	民国22年	300元

福春永	傅贯卿	棋盘街	14	民国10年	400元
天禄春	刘代耕	棋盘街	7	民国22年	200元
一壶春	张泽书	棋盘街	7	民国25年	400元
永亨源	史万年	棋盘街	7	民国6年	200元
义兴昌	嘉治安	棋盘街	7	民国10年	300元
永诚源	李晋廷	朱家巷	14	民国23年	600元
同乐春	潘荣楷	朱家巷	7	民国25年	300元
福兴永	李友三	扫把巷	7	民国25年	300元
长兴源	黄安泰	新街	7	民国22年	200元
吉庆昌	杜诗如	飞云桥	14	民国19年	400元

二、民国时期各种报章杂志对绵竹大曲在全国巨大影响力的记载

以下是笔者好友，南京师范大学能源与机械工程学院党委书记、著名学者、书法篆刻家侯小刚教授，得知我们编著出版《历代名人与绵竹酒》力求全面反映绵竹悠久的历史、灿烂的酒文化书籍后，他十分关心家乡绵竹经济文化发展，不辞辛苦地在浩如烟海的民国时期全国各种报章杂志中查阅到了很多绵竹酒产业、绵竹大曲的历史信息。因为时间已经百年，字迹不清，侯院长又花大功夫一一整理，字里行间蕴含着他对家乡绵竹的拳拳之心、殷殷之情。资料十分珍贵，对研究绵竹民国时期酒产业、绵竹大曲酒在民国时期的巨大影响力，具有极高的历史和研究价值。

1、上海《新闻报》，1949年4月30日四川大曲，与茅台酒同享盛名、以绵竹产最为道地。

2、廖皓龄，《绵竹大曲酒之调查与研究》，在《农月刊》第一卷第四期1940年，P105-110

"绵竹大曲酒、气味芬芳、冽而不烈，其品质之优美，可跻于世界名酒之林而无逊色。"

3、上海《新闻报》，1949年4月30日："四川大曲，与茅台酒同享盛名、以绵竹产最为道地。"

4、《乡村建设半月刊》，1936年第五卷第15期，P53-55，四川绵竹酒业调查，陈希纯，酒业协会会长杨恒顺陪同调查。…"脍炙人口、为省内外人士所乐道，乃绵竹大曲酒，川中宴客，每以此为席上佳品。"

5、"绵竹大曲酒畅销"，《四川第五次劝业会日刊》，1925年第16期（3月23日）

"绵竹大曲酒畅销。绵竹实业所汪所长，除陈列各种物品不计外，惟大曲一宗实为通场所无，但销售太旺，恐存货无多云。"

6、《四川经济月刊》第五卷6期，1936年，P19-22

四川绵竹酒产调查"其中脍炙人口、为省内外人士所乐道，乃绵竹大曲酒"。

7、21-22-23-24、《四川经济参考资料》，张肖梅，上海中国国民经济研究所，1939年，P90-92

绵竹酿酒业调查

"绵竹所产大曲、双料老酒及地窖醒色等均脍炙人口、为省内外人士所乐道之特产"。

8、1929年P58《游川日记》，曹亚伯，上海中国旅行社

"土产最为著名者为绵竹大曲酒…"

9、《东海巴山集》，老舍，小说《不是问题的问题》，上海新丰出版公司，1946年，P149

人家丁主任给场长与股东们办事也是如此。不管办个"三天"，还是"满

月"，丁主任必定闻风而至，他来到，事情就得由他办。烟，能买"炮台"就买"炮台"，能买到"三五"就是"三五"。酒，**即使找喝不到"茅台"与"贵妃"，起码也是"绵竹大曲"**。

10、《四川一瞥》，周傅儒，上海商务印书馆，1926 年（1933 年重印）P180

…"绵竹大曲，俱称特产、四远驰名。"

11、《国民参政会川康建设视察团报告书》，1939 年，P268
"绵竹特产大曲酒"

12、《分省地志－四川》，楼云林，昆明中华书局发行所，1941 年，P291-292："**绵竹物产大曲酒为著。**"

13、绵竹大曲酒到会，《四川第五次劝业会日刊》，1925 年第 7 期（3 月 14 日）

昨绵竹县实业所已将地点布置妥善，器具安置完备，并于昨 *，"**运有上好大曲十余担至会场出售云**"。

14、《锦帆集外》，黄裳，上海文化生活出版社，1948 年，P6
李义山诗"**美酒成都堪送老**"…所谓绵竹大曲却实在不错。

15、上海《新闻报》1947 年 5 月 31 日 12 版
上海浙江中路，四川土产公司广告："**真茅台、真绵竹大曲**"。（说明绵竹大曲在民国与茅台齐名，有造假绵竹大曲酒）

16、《西康日记》，曾昭抡，上海图书馆藏剪报本，1941 年
"**看见川康大道上，成吨的绵竹大曲酒，由挑夫、鸡公车往西运送。**"

17、《陪都工商年鉴》，傅润华、汤约生主编，重庆文信书局，1945年 P36

"渝市白酒大部均从外来，若绵竹泸县之大曲烧酒。"

18、《时事新报（重庆）》1943 年 12 月 6 日 0001 版
广告：重庆正阳街五十一号，和达经售

"绵竹永顺通自造尖庄大曲，既醇且香。"

19、《雾都》，李辉英，上海怀正文化社，1948 年，P24
我来打个通关、今日有酒今日醉、莫待无酒想醉时，真正的绵竹大曲呀。

20、四川工商业概况，1937 年 6 月 22 日，时事新报第二版
"大曲酒产地以叙府、**绵竹等地产量为最大**，其品质亦以叙府、绵竹、泸县出产为最优。"

21、《医用有机化学》，薛愚，上海商务印书馆，1951 年，P47
乙醇及其衍生物。"绍兴酒、凤翔酒、泸酒、茅台酒、竹酒"。

22、《巴山夜雨》，老舍，南京新中国出版社（白下路 279 号），1947 年 P38

"被一个同事拉去，足喝了一顿绵竹大曲酒。"

23、上海《新闻报》，1930 年 6 月 20 日，第六张
广告：四川成渝商店绵竹大曲酒广告。成渝商店地址上海法租界大世界东首西新桥街 266-268 号。

24、《路向》杂志，1937 年，第五期 P179，
《近西游副记》1935 年南京拔提书店，

近西游副记，王天元（元辉）有描写绵竹大曲信息。

25、老舍文集，上海春明书店，1948 年，P44
老舍中篇小说《不是问题的问题》有描写绵竹大曲信息。

26、彭瑞昌启事公告《中央日报（重庆）》。1947 年 12 月 24 日 04 版
广告：彭瑞昌律师，代表绵竹恒丰泰大曲酒厂驻渝分号卸任经理凌鸿道，紧要启事

27、《贫血集》，老舍《不是问题的问题》，重庆文丰出版社，1945 年，P44 有描写绵竹大曲信息

28、成渝商店绵竹大曲四川成渝商店 百货零售。《新闻报》1930 年 6 月 12 日 0021 版，有描写绵竹大曲信息

29、《成渝商店绵竹大曲》。成渝商店 百货零售《新闻报》1930 年 6 月 13 日 0022 版，有描写绵竹大曲信息

30、《中国通邮地方物产志》，交通运输部邮政总局，喻飞生，上海商务印书馆，1937 年 P46
物产分类索引：绵竹大曲酒

31、《中华民国省区全志 第四册：秦陇羌蜀四省区志 四川省志》。白眉初著，徐鸿逵校对，傅鳌制图。北京：北京师范大学史地系，1926 年
绵竹物产有玫瑰、珠兰两种酒…

31、《中央日报（重庆）》1945 年 11 月 28 日 0004 版
广告：朱应瑞律师受任绵竹恒丰泰大曲酒厂驻渝分号法律顾问。